抄表核算收费员及用电监察员技能考核案例汇编

主　编　杨逢泉

副主编　单　颖　张合川

河北大学出版社

·保定·

抄表核算收费员及用电监察员技能考核案例汇编

CHAOBIAO HESUAN SHOUFEIYUAN JI YONGDIAN JIANCHAYUAN JINENG KAOHE ANLI HUIBIAN

出 版 人：朱文富
责任编辑：徐延风
装帧设计：杨艳霞
责任校对：耿兆飞
责任印制：常 凯

图书在版编目（CIP）数据

抄表核算收费员及用电监察员技能考核案例汇编 / 杨逢泉主编．-- 保定 ：河北大学出版社，2022.12
ISBN 978-7-5666-1927-3

Ⅰ．①抄… Ⅱ．①杨… Ⅲ．①电能－电量测量－职业技能－鉴定－自学参考资料②用电管理－职业技能－鉴定－自学参考资料 Ⅳ．① TM933.4 ② TM92

中国版本图书馆 CIP 数据核字 (2021) 第 212558 号

出版发行：河北大学出版社
地址：河北省保定市七一东路 2666 号 邮编：071000
电话：0312-5073019 0312-5073029
邮箱：hbdxcbs818@163.com 网址：www.hbdxcbs.com
经 销：全国新华书店
印 刷：涿州市般润文化传播有限公司
幅面尺寸：170 mm × 240 mm
印 张：22.5
字 数：330 千字
版 次：2022 年 12 月第 1 版
印 次：2022 年 12 月第 1 次印刷
书 号：ISBN 978-7-5666-1927-3
定 价：76.00 元

编委会

序　言

技能考核评分标准是考生技能水平的评判依据，也是职工岗位能力的评判标准。《抄表核算收费员及用电监察员技能考核案例汇编》分别对抄表核算收费员、用电监察员两个工种的五个级别（初级工、中级工、高级工、技师、高级技师）做了考核标准的要求。书中针对不同工种在明确考核方向的同时，为考生提供了较为系统全面的操作流程、操作标准、操作注意事项等内容。本书的出版有利于考生自主学习和自我培训，同时也可作为岗位能力培训的重要参考资料，以及相应工种技能竞赛的重要参考依据。

目　　录

七、抄表核算收费员中级工

一、用电监察员
初级工

“低压非居民供用电合同审查”
技能操作任务单（初级工 001）

姓名： **准考证号：** **得分：**

一、任务描述

对给定的低压非居民供用电合同进行审查，指出错误并进行更正。

二、考核方式

实操（技能操作）。

三、标准用时

20 分钟。

四、注意事项

不涉及生产性操作，不需要监护及配置监护人。

“低压非居民供用电合同审查”
技能操作准备通知单（初级工 001）

一、场地位置及要求

（1）考场应设在培训中心实训室。

（2）考场要求设置考核人员桌椅。

二、工器具及材料要求

（1）考试用《低压供用电合同》：1～3 份。

（2）考试用客户用电信息相关资料：1～3 份。

（3）中性笔及草稿纸：若干。

低 压 供 用 电 合 同

供电人:国网冀北电力有限公司张家口供电公司宣化客户分中心

用电人:张家口丰裕养殖有限公司

用户编号:2228742250

签订日期:2020 年 4 月 27 日

目 录

为明确供电人和用电人在电力供应与使用中的权利和义务，安全、经济、合理、有序地供电和用电，根据《中华人民共和国合同法》、《中华人民共和国电力法》、《电力监管条例》、《电力供应与使用条例》、《供电监管办法》、《供电营业规则》等有关规定，双方经协商一致，订立本合同。

1. 用电地址、用电性质和用电容量

1.1 用电地址：河北省张家口市宣化区河子西乡旧李宅村15号。

1.2 用电性质：非居民照明用电。

1.3 用电容量：合同约定容量为156 kW，该容量为用电人最大用电容量。

2. 供电方式

2.1 供电人向用电人提供380 V/220 V交流50 Hz电源，经以下变压器向用电人供电：

宣西变电站电网534线#36左1柱上公用变压器

供电人在不影响用电人正常用电的情况下，有权自行调整供电方式。

2.2 为防止电网意外断电影响用电人安全生产，用电人应自备应急电源或非电保安措施，并确保应急电源及非电保安措施在电网意外断电时能有效运行。用电人若有保安负荷时，应自备应急电源，并装设可靠的闭锁装置，防止向电网倒送电。

3. 产权分界点及责任划分

3.1 供用电设施产权分界点为：

宣西变电站电网534线#36左1柱上公用变压器1#公用低压电缆分线箱负荷侧出线10 cm处，分界点负荷侧产权属供电人，分界点电源侧产权属用电人（见附件2）。

供用电设施产权分界点以文字描述和《供电接线及产权分界示意图》（见附件2）为准；如二者不一致，以本条文字描述为准。

本条约定的分界点负荷侧产权属供电人，分界点电源侧产权属用电人。双方各自承担其产权范围内供用电设施的运行维护管理责

1

任，并承担各自产权范围内供用电设施上发生事故等引起的法律责任。

4. 用电计量

4.1 用电计量装置:□普通电能表 □费控电能表 □其他 。

4.2 按照规定，每一受电点内按不同电价类别分别安装电能计量装置，其记录作为向用电人计算电费的依据。

计量装置装设在台区电杆上，为总表，记录数据作为用电人非居民用电量的计量依据。

4.3 各计量点计量装置配置如下:

计量点	计量设备名称	计算倍率	备注（总分表关系）
55057237	智能表 1.5（6）A	4000	总表
55057237	电流互感器	200/5	
55057237	电压互感器	10/0.1	

4.5 用电人应妥为保护计量装置，不应在表前堆放影响抄表或计量准确及安全的物品。如发生计费电能表丢失、损坏或过负荷烧坏等情况，用电人应及时告知供电人，以便供电人采取措施。如因供电人责任或不可抗力致使计费电能表出现或发生故障的，供电人应负责换表，不收费用；其他原因引起的，用电人应负担赔偿费或修理费。

5. 电价及电费结算

5.1 电价按照政府主管部门批准的电价执行，根据调价政策规定进行调整。

根据国家《功率因数调整电费办法》的规定，功率因数调整电费的考核标准为0.85，相关电费计算按规定执行。

2

5.2 抄表周期为每月，抄表例日为8日。供电人可以单方调整抄表周期和抄表例日，但须通知用电人。

5.3 抄表方式：采用人工/自动抄录方式。

采用用电信息采集装置自动抄表的，其自动抄录的数据作为电度电费结算依据，当装置故障时，依人工抄录数据为准。

5.4 电费按抄表周期结算，支付类型为预交电费。用电人应在当月20日前结清全部电费。双方可另行订立电费结算协议。

5.5 用电人将用电地址内的房屋和场地出租、出借或以其他方式给他人使用的，用电人仍需承担交纳电费、交纳违约金和其他违约责任的的义务。

5.6 若遇电费争议,用电人应先按结算电费金额按时足额交付电费，待争议解决后，双方据实退、补。

6. 计量失准及异议处理规则

6.1 一方认为用电计量装置失准，有权提出校验请求，对方不得拒绝。校验应由有资质的计量检定机构实施。如供电人已为用电人提供计量装置校验服务超过三次且不属于供电人责任的，则超出部分相关费用由用电人承担。

用电人在申请验表期间，其电费仍应按期交纳，验表结果确认后，再行退、补电费。

6.2 计量失准时，计费差额电量按下列方式确定。

（1）互感器或电能表误差超出允许范围时，以“0”误差为基准，按验证后的误差值确定计费差额电量。上述超差时间从上次校验或换装后投运之日至误差更正之日的二分之一时间计算。

（2）其他非人为原因致使计量记录不准时，以用电人上年度或正常月份用电量的平均值为基准，确定计费差额电量，计算退、补电量的时间按导致失准时间至误差更正之日的差值确定。

发生以上情形，退、补电量未确定之前，用电人先按抄见电量如期交纳电费，误差确定后，再行退、补。

6.3 以下原因导致的电能计量或计算出现差错时，计费差额电量按下列方式确定。

(1) 计费计量装置接线错误的，以其实际记录的电量为基数，按正确与错误接线的差额率退、补电量，计算退、补电量的时间从上次校验或换装投运之日至接线错误更正之日。

(2) 计算电量的计费倍率与实际倍率不符的，以实际倍率为基准，按正确与错误倍率的差值确定计费差额电量，计算退、补电量的时间以发生时间为准确定。

发生以上情形，退、补电量未确定之前，用电人先按抄见电量如期交纳电费，误差确定后，再行退补。

6.4 抄表记录、用电信息采集系统、表内留存的信息作为双方处理有关计量争议的依据。

6.5 按确定的退补电量和误差期间的电价标准计算退、补电费。

7. 供电质量

在电力系统处于正常运行状况下，供到用电人受电点的电能质量应符合国家规定的标准。

8. 连续供电

8.1 在发电、供电系统正常情况下，供电人连续向用电人供电。

8.2 发生如下情形之一的，供电人可中止供电。

(1) 供电设施计划或临时检修的。

(2) 用电人危害供用电安全，扰乱供用电秩序，拒绝检查的。

(3) 用电人逾期未交电费，经供电人催交仍未交付的。

(4) 用电人受电装置经检验不合格，在指定期间未改善的。

(5) 用电人注入电网的谐波电流超过标准，以及冲击负荷、非对称负荷等对电网电能质量产生干扰和妨碍，严重影响、威胁电网安全，拒不按期采取有效措施进行治理改善的。

(6) 用电人拒不在限期内拆除私自增用电容量的。

(7) 用电人拒不在限期内交付违约用电引起的费用的。

(8) 用电人违反安全用电、有序用电有关规定，拒不改正的。

（9）发生不可抗力或紧急避险的。

（10）用电人实施本合同第13条行为的。

（11）用电人装有预购电装置、限流开关、负荷控制装置的，在预购电量使用完毕、用户超容量用电或超负荷用电时自动停电的。

（12）供电人执行政府机关或授权机构依法做出的停电指令的。

（13）因电力供需紧张等原因需要停电、限电的。

（14）法律、法规和规章规定的其他情形。

9.中止供电程序

9.1 因故需要中止供电的，按如下程序进行。

（1）供电设施计划检修需要中止供电的，供电人应当提前7日公告停电区域、停电线路、停电时间，并通知重要电力用户等级的用电人。

（2）供电设施临时检修需要中止供电的，供电企业应当提前24小时公告停电区域、停电线路、停电时间，并通知重要电力用户等级的用电人。

9.2 发生以下情形之一的，供电人可当即中止供电。

（1）发生不可抗力或紧急避险。

（2）用电人实施本合同第13.6条至第13.11条行为的。

9.3 因执行政府机关或授权机构做出的停电指令而中止供电的，供电人应按照指令的要求中止供电。

9.4 除以上中止供电情形外，需对用电人中止供电时，按如下程序进行。

（1）停电前三至七天，将停电通知书送达用电人，对重要电力用户的停电，同时将停电通知书报送同级电力管理部门。

（2）停电前30分钟，将停电时间再通知用电人一次。

9.5 引起中止供电或限电的原因消除后，供电人应在三日内恢复供电。不能在三日内恢复供电的，应向用电人说明原因。

10.配合事项

10.1 供电人为用电人交费和查询电价、电费、用电量、电能表

5

示数提供方便。

10.2 为保障电网安全或因发电、供电系统发生故障以及根据本合同约定，需要停电、限电时，用电人应予以配合。

10.3 供电人为保障电网运行安全，有权对用户涉网设备进行用电检查，用电人应提供必要方便，并根据检查需要，向供电人提供相应真实资料。用电检查的内容有：

（1）用户受（送）电装置工程施工质量检验。

（2）用户受（送）电装置中电气设备运行安全状况。

（3）用电计量装置、电力负荷控制装置、继电保护和自动装置、调度通讯等安全运行状况。

（4）供用电合同及有关协议履行的情况。

（5）受电端电能质量状况。

（6）违章用电和窃电行为。

（7）并网电源、自备电源并网安全状况。

10.4 用电计量装置的安装、移动、更换、校验、拆除、加封、启封由供电人负责，用电人应提供必要的方便和配合；安装在用电人处的用电计量装置由用电人妥善保管，如有异常，供电人有权要求用电人配合对异常进行更正。

11. 质量共担

用电人用电时的功率因数和谐波源负荷、冲击负荷、非对称负荷等产生的干扰与影响应符合国家标准。如用电人行为影响电网供电质量，威胁电网安全，供电人有权要求用电人限期整改，并在必要时采取有效措施解除对电网安全的上述威胁，用电人应给予充分必要的配合。

12. 供电人不得实施的行为

12.1 故意使用电计量装置计量错误；

12.2 随电费收取其他不合理费用。

13. 用电人不得实施的行为

13.1 在电价低的供电线路上，擅自接用电价高的用电设备或私自改变用电类别。

13.2 私自超过合同约定容量用电。

13.3 擅自使用已在供电人处办理暂停手续的电力设备或启用已封存电力设备。

13.4 私自迁移、更动和擅自操作供电人的用电计量装置。

13.5 擅自引入（供出）电源或将自备应急电源和其他电源并网。

13.6 在供电人的供电设施上，擅自接线用电。

13.7 绕越供电人用电计量装置用电。

13.8 伪造或者开启供电人加封的用电计量装置封印用电。

13.9 损坏供电人用电计量装置。

13.10 使供电人用电计量装置失准或者失效。

13.11 采取其他方法导致不计量或少计量。

14. 供电人的违约责任

14.1 供电人违反本合同约定，应当按照国家、电力行业标准或本合同约定予以改正，并继续履行合同相关约定。

14.2 供电人违反本合同电能质量义务给用电人造成损失的，应赔偿用电人实际损失，最高赔偿限额为用电人在电能质量不合格的时间段内实际用电量和对应时段的平均电价乘积的百分之二十。但因用电人原因导致供电人未能履行电能质量保证义务的，则对用电人的该部分损失，供电人不承担赔偿责任。

14.3 供电人违反本合同约定实施停电给用电人造成损失的，应赔偿用电人实际损失，最高赔偿限额为用电人在停电时间内可能用电量（该用电量可参照正常用电情况计算）电度电费的五倍。

前款所称的可能用电量，按照停电前用电人在上月与停电时间对等的同一时间段的平均用电量乘以停电小时求得。

14.4 供电人未履行抢修义务而导致用电人损失扩大的，对扩大损失部分按本条第3款的原则给予赔偿。

14.5 供电人随电费收取其他不合理费用，造成用电人损失的，应退还用电人有关费用。

7

14.6有如以下情形之一的，供电人不承担违约责任。

(1)符合本合同第八条约定的连续供电的除外情形且供电人已履行必经程序。

(2)电力运行事故引起开关跳闸，经自动重合闸装置重合成功。

(3)多电源供电只停其中一路，其他电源仍可满足用电人用电需要的。

(4)用电人未按合同约定安装自备应急电源或采取非电保安措施，或者对自备应急电源和非电保安措施维护管理不当，导致损失扩大部分。

(5)因用电人或第三人的过错行为所导致。

(6)发生不可抗力。

(7)用电人应对其设备的安全负责，供电人不承担因被检查设备不安全引起的任何直接损坏或损害的赔偿责任。

(8)法律、法规和规章规定的其他免责情形。

15.用电人的违约责任

15.1用电人违反本合同约定义务，应当按照国家、电力行业标准或本合同约定予以改正，并继续履行合同相关约定义务。用电人违约行为危及供电安全时，供电人可要求用电人立即改正，用电人拒不改正时，供电人可采用操作用电人设施等方式直接代替用电人改正，相关费用和损失由用电人承担。

15.2由于用电人责任造成供电人对外供电停止，应当按供电人少供电量乘以上月份平均售电单价给予赔偿；其中，少供电量为停电时间上月份每小时平均供电量乘以停电小时。停电时间不足1小时的按1小时计算，超过1小时的按实际停电时间计算。

15.3因用电人过错给供电人或者其他用户造成财产损失的，用电人应当依法承担赔偿责任。本款责任不因15.4条责任而免除。

15.4用电人有以下违约行为，应按合同约定向供电人支付违约金或违约使用电费。

(1)用电人违反本合同约定逾期交付电费，居民用户每日按欠费总额的千分之一计算，其他用户当年欠费部分的每日按欠交额的千分之二计付、跨年度欠费部分的每日按欠交额的千分之三计付；但累计不超过造成损失的百分之三十，交纳电费时应先冲抵到期电费债务，即用户应先交纳电费欠费后再交纳违约金。

(2) 用电人擅自改变用电类别或在电价低的供电线路上，擅自接用电价高的用电设备的，按差额电费的两倍计付违约使用电费。差额电费按实际违约使用日期计算，违约使用起讫日难以确定的，按三个月计算。

(3) 擅自迁移、更动或操作用电计量装置、电力负荷管理装置，擅自操作供电企业的供电设施以及约定由供电人调度的受电设备的，按每次 5000 元计付违约使用电费。

(4) 擅自引入、供出电源或者将自备电源和其他电源私自并网的，按引入、供出或并网电源容量的每千瓦（千伏安）500 元计付违约使用电费。

(5) 用电人擅自在供电人供电设施上接线用电、绕越用电计量装置用电、伪造或开启已加封的用电计量装置用电、损坏用电计量装置、使用电计量装置不准或失效的，按补交电费的三倍计付违约使用电费。少计电量时间无法查明时，按 180 天计算。日使用时间按小时计算，其中，电力用户每日按 12 小时计算，照明用户每日按 6 小时计算。

(6)私自超过本合同约定容量用电的，属于两部制电价的用户，按三倍私增容量基本电费计付违约使用电费；属单一制电价的用户，按擅自使用或启封设备容量每千瓦（千伏安）50 元支付违约使用电费。

15.5 用电人发生拖欠电费，违约用电、窃电等情形的，供电人可以将用电人列入失信客户名单，提交给金融机构、政府的征信系统作为信用评价的依据。

15.6 因用电人原因导致表计等计量装置断开或中止供电，影响

9

光伏、风力、水电等发电并网的情况，由用电人自行承担一切损失。

15.6 用电人违约责任因以下原因而免除：

（1）发生不可抗力。

（2）法律、法规及规章规定的免责情形。

15.7 因追究用电人违约责任而产生的费用，包括但不限于律师费、差旅费等费用由用电人承担。

16. 合同的生效、转让及变更

16.1 合同生效注意事项：

（1）用电人受电装置已验收合格，业务相关费用已结清且本合同和有关协议均已签订后，供电人应即依本合同向用电人供电。

（2）本合同经双方签署并加盖公章或合同专用章后生效。合同有效期为十年，自2020年4月27日起至2030年4月26日止。合同有效期届满，双方均未提出书面异议的，继续履行，有效期按本合同有效期限重复续展。

（3）对合同有异议的，应在本合同约定的期限或续展期限届满日之前30天向对方提出书面意见，经协商，双方达成一致，重新签订供用电合同；双方不能达成一致的，在双方对供用电事宜达成新的书面协议前，本合同继续有效。

16.2 合同转让：未经对方同意，任何一方不得将本合同项下的权利和义务转让给第三方。

16.3 合同变更：合同如需变更，双方协商一致后签订《合同事项变更确认书》。

17. 争议解决

17.1 双方发生争议时，应本着诚实信用原则，通过友好协商解决。

17.2 若争议经协商仍无法解决的，按以下第（2）种方式处理：

（1）仲裁：提交 / 仲裁，按照申请仲裁时该仲裁机构有效的仲裁规则进行仲裁。仲裁裁决是终局的，对双方均有约束力。

（2）诉讼：向供电合同签订所在地人民法院提起诉讼。

17.3 在争议解决期间，合同中未涉及争议部分的条款仍须履行。

18. 通讯

18.1 供电人用电业务联系电话为：XXXXXXX。

18.2 用电人联系电话为：

（1）用电业务联系人郭刚，电话 159XXXXXXXX。

（2）电气联系人郭刚，电话 159XXXXXXXX。

（3）财务联系人郭刚，电话 159XXXXXXXX。

19. 附则

19.1 本合同正本一式两份，供电人执一份，用电人执一份，具有同等法律效力。

合同签署前，双方按供用电业务流程所形成的申请、批复等书面资料，为合同附件，与合同正文具有同等效力。

本合同附件包括：

（1）附件 1：术语定义。

（2）附件 2：供电接线及产权分界示意图。

19.2 供电人和用电人均已阅读并完全理解本合同及其附件的全部条款，自愿履行合同义务。

20. 特别约定

本特别约定是合同各方经协商后对合同其他条款的修改或补充，如有不一致，以特别约定为准。

（以下无正文）

签署页

供电人：张家口供电公司宣化客户服务分中心（盖章）	用电人：张家口丰裕养殖有限公司（盖章）
法定代表人（负责人）授权代表（签字）：	法定代表人（负责人）或授权代表（签字）：
签订日期：二零二零年四月二十七日	签订日期：二零二零年四月二十七日
地址：宣化区钟楼西街52号	地址：河北省张家口市宣化区钟楼大街康复巷3号院
联系人：吴敏	联系人：郭刚
电话：0313-XXXXXXX	电话：159XXXXXXXX
传真：无	传真：无
开户银行：工行桥东支行	开户银行： 无
账号：XXXXXXXXXXXXXXXXX	账号：无
统一社会信用代码：XXXXXXXXXXX	统一社会信用代码：无

12

附件 1

术语定义

1. 用电地址：用电人受电设施的地理位置及用电地点。

2. 用电容量：又称协议容量，用电人申请，并经供电人核准使用电力的最大功率或视在功率。

3. 供电质量：指供电电压、频率和波形的质量。

4. 谐波源负荷：指用电人向公共电网注入谐波电流或在公共电网中产生谐波电压的电气设备。

5. 冲击负荷：指用电人用电过程中周期性或非周期性地从电网中取用快速变动功率的负荷。

6. 非对称负荷：因三相负荷不平衡引起电力系统公共连接点正常三相电压补平衡度发生变化的负荷。

7. 计划检修：按照年度、月度检修计划实施的设备检修。

8. 临时检修：供电设备障碍或改造等原因引起的非计划、临时性停电的检修。

9. 紧急避险：指电网发生事故或者发电、供电设备发生重大事故，电网频率或电压超出规定范围、输变电设备负载超过规定值、主干线路功率值超出规定的稳定限额以及其他威胁电网安全运行，有可能破坏电网稳定，导致电网瓦解以致大面积停电等运行情况时，供电人采取的避险措施。

10. 不可抗力:指不能预见、不能避免并不能克服的客观情况。

11. 逾期日：指超过双方约定的交纳电费的截止日的第二天算起，不含截止日。

12. 重要用户：指有重要负荷的用户。重要负荷的定义参见国家标准《供配电系统设计规范》（GB 50052—2009）。

附件 2

供电接线及产权分界示意图

产权分界点：宜西变电站电网537 线#36 左 1 柱上公用变压器 1#公用低压电缆分线箱负荷侧出线 10 cm 处

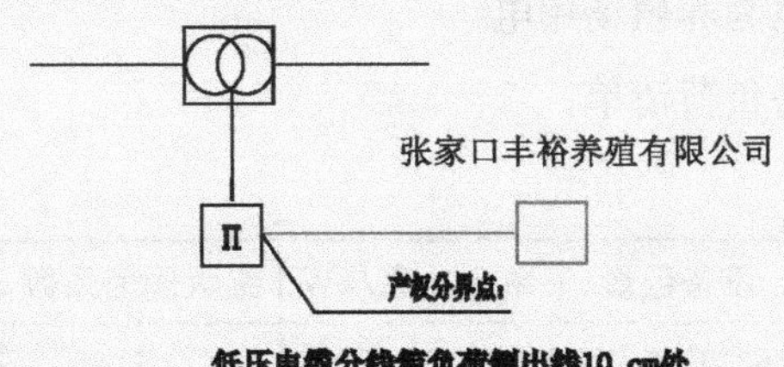

14

“低压非居民供用电合同审查”客户信息单

客户名称：张家口丰裕养殖有限公司

用电地址：河北省张家口市宣化区河子西乡旧李宅村 15 号

办电信息：法人张明委托电气负责人郭刚办理用电手续（已提供授权委托手续）

用电信息：客户用电为养殖场用电

客户用电场所、设备负荷清单：

序号	用电场所、设备名称	设备数量	单台功率/kW	最大同时系数	负荷性质	备注
1	机井及储水器	1 套	30	1	普通	
2	饲料破碎及输送机	4 套	10	0.5	普通	
3	封闭式饲养间	4 间	15	1	普通	
4	半开放式饲养间	2 间	2	1	普通	
5	露天饲养间	4 间	1	1	普通	
6	饲料储藏室	2 间	2	1	普通	
7	照明类设备	20 台	0.5	0.4	普通	
8	监控设备	2 台	2	1	普通	

供电方式简述：由宣西变电站电网 534 线＃36 左 1 柱上所带 1＃公用低压电缆分线箱供电，电压等级 0.4 kV。高供低计，计量 TA200/5，智能表 3×1.5（6）A。用户备用电源为一台 30 kW 柴油发电机，主要用于公用电网停电后部分设备临时应急使用。

"低压非居民供用电合同审查"
操作评分记录表（初级工 001）

操作评分记录表

<table>
<tr><td colspan="2">姓名</td><td></td><td>准考证号</td><td></td><td>工作单位</td><td colspan="3"></td></tr>
<tr><td colspan="2">标准用时</td><td>20 min</td><td>累计用时</td><td colspan="5">点　分 ～ 点　分</td></tr>
<tr><td>序号</td><td>项目</td><td colspan="5">评分标准(满分为 100 分)</td><td>配分</td><td>得分</td></tr>
<tr><td>1</td><td>工作前准备</td><td colspan="5">1. 穿工作服
(1)未按要求的扣 5 分</td><td>5</td><td></td></tr>
<tr><td rowspan="7">2</td><td rowspan="7">工作过程</td><td colspan="5">1. 合同封面上合同编号、供电人、用电人、用户编号、签订时间、签订地点应齐全，考生应指出合同封面全部缺漏项
(1)任意缺漏项未审查出均不得分</td><td>10</td><td rowspan="7"></td></tr>
<tr><td colspan="5">2. 审查合同用电性质，指出合同中用电性质条款缺失或用电性质分类错误，并填写正确用电性质
(1)未指出错误内容不得分
(2)错误内容更正不正确不得分</td><td>15</td></tr>
<tr><td colspan="5">3. 审查合同用电容量，依据向考生提供的客户资料审查合同容量，指出合同容量错误内容，并更正
(1)未指出错误内容不得分
(2)错误内容更正不正确不得分</td><td>10</td></tr>
<tr><td colspan="5">4. 审查供电电源和自备应急电源：供电电源应与客户资料一致；自备应急电源类型、容量应与保安负荷需求相符
(1)未指出错误内容不得分
(2)错误内容更正不正确不得分</td><td>10</td></tr>
<tr><td colspan="5">5. 审查合同产权分界点描述，指出产权分界点描述错误内容并更正
(1)未指出错误内容不得分
(2)错误内容更正不正确不得分</td><td>10</td></tr>
<tr><td colspan="5">6. 审查合同计量信息，指出错误内容并更正
(1)未指出错误内容不得分
(2)错误内容更正不正确不得分</td><td>10</td></tr>
<tr><td colspan="5">7. 审查合同功率因数内容，指出错误内容并更正
(1)未指出错误内容不得分
(2)错误内容更正不正确不得分</td><td>10</td></tr>
</table>

续表

<table>
<tr><td colspan="2">姓名</td><td></td><td>准考证号</td><td></td><td>工作单位</td><td colspan="2"></td></tr>
<tr><td colspan="2">标准用时</td><td>20 min</td><td>累计用时</td><td colspan="4">点　　分 ～　　点　　分</td></tr>
<tr><td>序号</td><td>项目</td><td colspan="4">评分标准(满分为 100 分)</td><td>配分</td><td>得分</td></tr>
<tr><td>2</td><td>工作过程</td><td colspan="4">8. 审查合同签署情况
(1)未指出签署信息错误扣 10 分
(2)未指出盖章缺失扣 5 分</td><td>15</td><td></td></tr>
<tr><td>3</td><td>工作终结</td><td colspan="4">1. 清理桌面
(1)清理不彻底扣 5 分</td><td>5</td><td></td></tr>
<tr><td colspan="2">总分</td><td colspan="6"></td></tr>
<tr><td colspan="2">备注</td><td colspan="6">在规定时间内未完成,每超过 5 分钟扣 5 分</td></tr>
</table>

考评员签字：　　　　　　　　　　　　　考评日期：　　年　　月　　日

“低压非居民供用电合同审查”参考答案

(1) 合同封面缺少合同编号、签订地点，考生应指出合同封面全部缺漏项。

(2) 用电性质中缺少行业分类（畜牧养殖业），用电分类错误，应为农业生产用电。

(3) 合同容量错误，约定最大容量应为所有同时使用设备的最大负荷，而不是所有设备总容量。

(4) 供电电源及产权分界点描述未按双重编号描述，同时分界点电源侧产权属供电人，分界点负荷侧产权属用电人。

(5) 计量错误，低压计量无电压互感器，计量倍率为 TA 倍率 40 倍。

(6) 合同中缺少客户自备电源（柴油发电机）。

(7) 功率因数调整电费的考核标准错误，本户执行功率因数考核标准 0.80。

(8) 合同盖章错误，用户签署人既不是法人又不是委托人。

(9) 没有骑缝章。

(10) 产权分界示意图中产权分界描述不准确（内容同上面第 4 条），示意图中变台为箱变，柱上变示意图不应带外壳。

“审查变电站接地电阻试验报告”
技能口述、笔试试题卡（初级工 002）

姓名：　　　　　　准考证号：　　　　　　　　　　得分：

任务描述

通过给定的变电站接地电阻试验报告，判断报告的完整性及试验参数是否正确。

“审查变电站接地电阻试验报告”
技能口述、笔试评分标准（初级工 002）

姓名：　　　　　　准考证号：　　　　　　　　　　得分：

参考答案及评分要点

（1）检查出具试验报告单位资质，资质应满足相应试验要求（10 分）。

（2）检查试验报告的完整性（50 分）。①报告应有明确结论或说明原因。②试验负责人、审核人及监理签字应齐全，应注意审核签字日期与试验日期的逻辑关系。③单份报告中应无缺漏项；整份报告中，工程中所有一次设备均应有相关试验数据支撑。

（3）试验数据应符合 GB 50150—2016 的要求，部分数据还应与设备出厂参数相比较，结果应符合交接标准及厂家技术要求的规定，每漏一项扣 10 分（40 分）。

考评员签字：　　　　　　　　　　　　考评日期：　年　月　日

“单相电能表现场误差测试”
技能操作任务单（初级工 003）

姓名：　　　　　　准考证号：　　　　　　　　　得分：

一、任务描述

根据给定条件，规范地完成低压单相电能表现场误差测试。

二、考核方式

实操（技能操作）。

三、标准用时

60 分钟。

四、注意事项

(1) 应装设围栏（遮栏），悬挂“在此工作”标识牌。

(2) 注意操作者与带电设备保持足够的安全距离。

(3) 考核过程中其中一名监护人暂时作为用电客户。

“单相电能表现场误差测试”
技能操作准备通知单（初级工 003）

一、场地位置及要求

(1) 考场应设在反窃电实训室。

(2) 考场要求设置考核人员桌椅。

二、工器具及材料要求

(1) 现场作业终端（P3-55-M-L）：1 台。

(2) 单相计量故障识别模块（HGJL03）：1 台。

(3) 单项计量装置：1 组。

(4) 模拟负载：1 套。

(5) 数字钳形电流表：1 块。

(6) 绝缘垫（1 m×5 m×5 mm）：1 块。

(7) 万用表：1 块。

(8) 安全遮栏：2 套。

(9) 标示牌“从此进入”：1 块。

(10) 警示牌“止步，高压危险”：4 块。

(11) 封钳：若干。

(12) 个人工具：1 套。

(13)《电能计量装置综合误差测试记录单》：1 张。

“单相电能表现场误差测试”
技能操作数据记录表（初级工 003）

姓名：　　　　　　　　准考证号：　　　　　　　　　　　　　得分：

一、电压、电流值

单相电压、电流测量记录表

电压值	电流值

二、误差测试结果

误差测试结果：____________________

“单相电能表现场误差测试”操作评分记录表（初级工 003）

操作评分记录表

<table>
<tr><td colspan="2">姓名</td><td></td><td>准考证号</td><td></td><td>工作单位</td><td></td></tr>
<tr><td colspan="2">标准用时</td><td>60 min</td><td>累计用时</td><td colspan="3">点 分 ～ 点 分</td></tr>
<tr><td>序号</td><td>项目</td><td colspan="3">评分标准(满分为 100 分)</td><td>配分</td><td>得分</td></tr>
<tr><td rowspan="2">1</td><td rowspan="2">工作前准备</td><td colspan="3">1. 主动出示(佩戴)有关证件
(1)不出示(佩戴)证件扣 5 分</td><td>5</td><td rowspan="2"></td></tr>
<tr><td colspan="3">2. 穿工作服、绝缘鞋,戴安全帽、绝缘手套,站在绝缘垫上,确认操作工器具绝缘是否良好
(1)未按要求的扣 5 分</td><td>5</td></tr>
<tr><td rowspan="3">2</td><td rowspan="3">工作过程</td><td colspan="3">1. 现场安全布置:在计量装置四周设置遮栏,在遮栏四周向外设置“止步,高压危险”警示牌,出入口悬挂“从此进出”标识牌。正确填写第二种工作票
(1)未设遮栏扣 2 分
(2)未挂标识牌扣 2 分
(3)警示牌漏挂每次扣 1 分
(4)未正确填写第二种工作票扣 5 分
(5)工作票填写不规范扣 2 分</td><td>10</td><td rowspan="3"></td></tr>
<tr><td colspan="3">2. 封印检查:检查计量箱、电能表大盖、电能表小盖、封印是否完好,无封印或封印存在问题应记录,并用取证工具取证。使用验电笔进行验电
(1)漏检查每处扣 2 分
(2)未记录和取证扣 5 分
(3)漏记录和取证每处扣 2 分
(4)未正确验电扣 5 分
(5)未正确使用钢丝绳剪拆除封印扣 5 分</td><td>20</td></tr>
<tr><td colspan="3">3. 电压、电流测量:用万用表和数字钳形电流表分别测量电压和负荷电流并记录
(1)测量时取错测量点或带电换档每次扣 5 分
(2)钳口闭合不严每次扣 2 分
(3)档位选择错误每次扣 5 分
(4)测试数据未记录或记录不全每项扣 2 分
(5)未正确拆除封印扣 5 分</td><td>20</td></tr>
</table>

续表

<table>
<tr><td colspan="2">姓名</td><td></td><td>准考证号</td><td></td><td>工作单位</td><td colspan="3"></td></tr>
<tr><td colspan="2">标准用时</td><td>60 min</td><td>累计用时</td><td colspan="5">点　　分～　　点　　分</td></tr>
<tr><td>序号</td><td>项目</td><td colspan="5">评分标准(满分为 100 分)</td><td>配分</td><td>得分</td></tr>
<tr><td rowspan="4">2</td><td rowspan="4">工作过程</td><td colspan="5">4. 电表接线及参数检查:检查计量装置接线有无松动,电能表有无报警信号,电流、电压数据显示是否正常,存在问题应记录,并用取证工具取证
(1)漏检查每处扣 1 分
(2)未记录和取证扣 5 分
(3)漏记录和取证每处扣 2 分</td><td>5</td><td rowspan="4"></td></tr>
<tr><td colspan="5">5. 安装单相计量故障识别模块并输入测量参数:使用单相计量故障识别模块,先将主机安装在接线卡座上,再将钳形互感器安装到主机上。将底座安装到单相智能电能表端子座,并用螺丝刀将固定螺丝拧紧,将电流夹钳夹到对应的出线火线上。打开现场作业终端,通过蓝牙与单相计量故障识别模块配对,并按照电表的规格设置误差参数
(1)未正确安装单相计量故障识别模块扣 5 分
(2)功能选择错误扣 5 分
(3)参数设置错误每项扣 2 分</td><td>15</td></tr>
<tr><td colspan="5">6. 误差测试并记录数据:正确操作现场作业终端,对电表误差进行测量,测试时应密切关注主要电参数的变化,如有异常应立即停止测试。测试完毕后记录误差测量结果
(1)未进行测试数据观察扣 2 分
(2)未记录测试结果扣 2 分</td><td>5</td></tr>
<tr><td colspan="5">7. 拆除单相计量故障识别模块:首先取下电流钳,然后取下接线卡座,最后断开电流钳与主机的连接导线。重新上封并记录封印编号
(1)电流线断开顺序错误扣 2 分
(2)未重新上封扣 3 分(漏上一颗封扣 1 分)
(3)未记录封印编号扣 2 分</td><td>5</td></tr>
<tr><td rowspan="2">3</td><td rowspan="2">工作终结</td><td colspan="5">1. 现场仪器仪表清理
(1)清理不彻底扣 5 分</td><td>5</td><td rowspan="2"></td></tr>
<tr><td colspan="5">2. 现场拆除的封印清理
(1)清理不彻底扣 5 分</td><td>5</td></tr>
<tr><td colspan="2">总分</td><td colspan="7"></td></tr>
<tr><td colspan="2">备注</td><td colspan="7">在规定时间内未完成,每超过 5 分钟扣 5 分</td></tr>
</table>

考评员签字:　　　　　　　　　　　　　考评日期:　　　年　　月　　日

"写出线损率计算公式并拟出降低线损的具体技术措施"技能口述、笔试试题卡（初级工 004）

姓名： **准考证号：** **得分：**

任务描述

各位考生根据所学内容，写出线损率的定义、计算公式，并拟出降低线损的具体技术措施。

"写出线损率计算公式并拟出降低线损的具体技术措施"技能口述、笔试评分标准（初级工 004）

姓名： **准考证号：** **得分：**

参考答案及评分要点

（1）定义：线损率为实际线路上损耗电能占线路首端输送电能的百分数（10 分）。

（2）计算公式：$\triangle P\% = \frac{(供电量-用电量)}{供电量} \times 100\%$（20 分）。

（3）线损主要与电网结构（5 分）、运行方式（5 分）及负荷性质（5 分）有关。

（4）降低线损的主要措施有：

①减少变压的次数（5 分）。由于经过一次变压总要多消耗一部分的功率，一般来说每多一级变压大约要多消耗 1%～2%的有功功率（5 分）。

②合理调整运行变压器台数（5 分）。停用大容量变压器，改投小容量变压器，降低变压器的空载损失（5 分）；另外，要选用低损耗的变压器（5 分）。

③结合规划调整不合理的线损布局（5 分）。应尽量减少迂回线路，缩短电力线路，降低变压器的空载损失（5 分）；另外，要选用低损耗的变压器（5 分）。

④提高负荷的功率因数（5 分）。尽量使无功功率就地平衡，以减少线路和变压器中的损失（5 分）。实行合理的运行调度，及时掌握有功和无功负荷潮流，以做到经济运行（5 分）。

考评员签字： 考评日期： 年 月 日

“居民用户单相计量装置检查”技能操作任务单（初级工 005）

姓名： **准考证号：** **得分：**

一、任务描述

居民用户单相计量装置检查。

二、考核方式

实操（技能操作）。

三、标准用时

30 分钟。

四、注意事项

（1）用电检查人员在执行检查时，不得少于两人，且不得在现场替代客户进行作业。

（2）请求考评员扮演客户并给予配合。

（3）考生应自备工作服、安全帽、绝缘鞋。

（4）应装设围栏（遮栏），悬挂“止步，高压危险”警示牌。

（5）注意操作者与带电设备保持足够的安全距离。

“居民用户单相计量装置检查”技能操作准备通知单（初级工 005）

一、场地位置及要求

（1）考场应设在反窃电实训室。

（2）考场要求设置考核人员桌椅。

二、工器具及材料要求

（1）科学计算器：1 个。

（2）纸张：若干。

(3) 数字钳形电流表：2 块。

(4) 验电笔：1 支。

(5) 偏口钳：1 把。

(6) 电工工具 ：1 套。

(7) 线手套：2 副。

(8) 万用表：1 块。

(9) 警示牌“止步，高压危险”：4 块。

(10) 封钳：若干。

(11) 个人工具：1 套。

(12)《电能计量装置综合误差测试记录单》：1 张。

“居民用户单相计量装置检查”操作评分记录表（初级工 005）

操作评分记录表

姓名		准考证号		工作单位		
标准用时	30 min	累计用时	点 分 ～ 点 分			
序号	项目	评分标准(满分为 100 分)			配分	得分
1	工作前准备	1. 准备照相机、录音笔(共 2 项，选错或缺 1 项扣 1 分)			2	
		2. 主动出示(佩戴)有效工作证件(共 1 项，缺此项扣 2 分)			2	
		3. 穿长袖工作服，穿绝缘鞋，戴绝缘手套(共 3 项，错或缺 1 项扣 2 分)			6	
		4. 查阅客户资料及 186 系统：供用电合同、原报装容量、是否又已申报增容、改类记录、暂停记录、计量装置迁移等业务记录(共 8 项，错或缺 1 项扣 1 分)			8	
2	工作过程	1. 查看是否私自改变用电类别(共 1 项，错或缺 1 项扣 5 分)			5	
		2. 查看是否私自超过合同约定的容量用电(共 1 项，缺此项扣 6 分)			6	
		3. 查看是否私自迁移、更动供电企业的用电计量装置(共 2 项，错或缺 1 项扣 6 分)			10	
		4. 查看是否私自引入、供出电源或将其他电源私自并网(共 3 项，错或缺 1 项扣 4 分)			12	

续表

<table>
<tr><td colspan="2">姓名</td><td></td><td>准考证号</td><td></td><td>工作单位</td><td colspan="2"></td></tr>
<tr><td colspan="2">标准用时</td><td>30 min</td><td>累计用时</td><td colspan="4">点 分 ～ 点 分</td></tr>
<tr><td>序号</td><td>项目</td><td colspan="4">评分标准(满分为 100 分)</td><td>配分</td><td>得分</td></tr>
<tr><td rowspan="5">2</td><td rowspan="5">工作过程</td><td colspan="4">5. 查看是否擅自使用已在供电企业办理暂停手续的用电计量装置(共 1 项,缺此项扣 5 分)</td><td>5</td><td rowspan="5"></td></tr>
<tr><td colspan="4">6. 查看计量箱(柜)封印、锁具是否完好(共 2 项,错或缺 1 项扣 6 分)</td><td>12</td></tr>
<tr><td colspan="4">7. 查看电能表封印是否完好(共 1 项,缺此项扣 8 分)</td><td>8</td></tr>
<tr><td colspan="4">8. 查看电能表设备信息与系统档案是否一致(共 1 项,缺此项扣 5 分)</td><td>5</td></tr>
<tr><td colspan="4">9. 查看电能表接线是否存在改装痕迹(共 1 项,缺此项扣 8 分)</td><td>8</td></tr>
<tr><td rowspan="2">3</td><td rowspan="2">工作终结</td><td colspan="4">1. 保护好现场,对违约或窃电设备进行照相、录音、登记,取得有效证据(共 4 项,错或缺 1 项扣 2 分)</td><td>8</td><td rowspan="2"></td></tr>
<tr><td colspan="4">2. 填写《用电检查结果通知书》(错或缺此项扣 3 分)</td><td>3</td></tr>
<tr><td colspan="2">总分</td><td colspan="6"></td></tr>
<tr><td colspan="2">备注</td><td colspan="6">在规定时间内未完成,每超过 5 分钟扣 5 分</td></tr>
</table>

考评员签字： 考评日期： 年 月 日

“三相四线经互感器接入计量装置接线图”技能口述、笔试试题卡（初级工 006）

姓名： **准考证号：** **得分：**

任务描述

找出给定动力用户三相四线经互感器接入计量装置接线图的错误，要求分条列出。

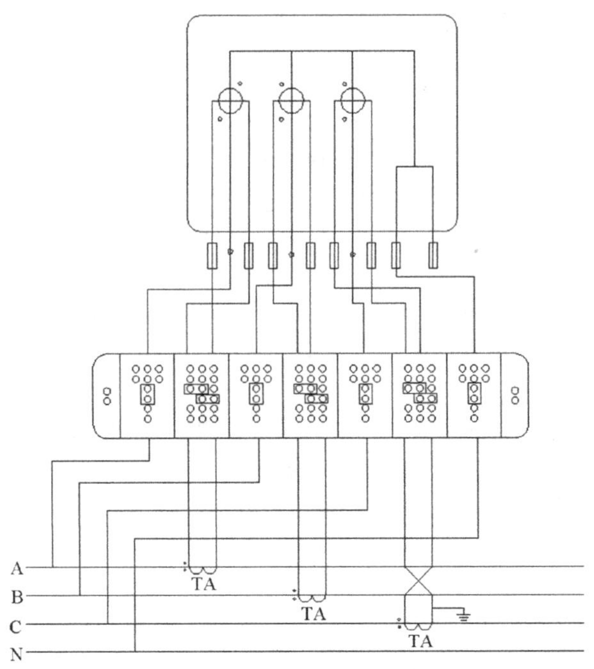

图 1-1　三相四线经互感器接入计量装置接线图

“三相四线经互感器接入计量装置接线图”技能口述、笔试评分标准（初级工 006）

姓名：　　　　　　**准考证号：**　　　　　　　　　　**得分：**

参考答案及评分要点

(1) 电能表内部从左边数第一个计量元件线圈极性错误（10 分）。

(2) 电能表表尾 A 相电流接线接反（10 分）。

(3) 电能表表尾 C 相电流接线接反（10 分）。

(4) 联合接线盒中 A、B、C 相电流连接片接错（30 分）。

(5) A 相和 B 相电流互感器二次侧没有接地（20 分）。

(6) C 相电流互感器二次出线至联合接线盒接线接反（20 分）。

考评员签字：　　　　　　　　　　考评日期：　　年　　月　　日

“写出变压器外廓与变压器室四周的最小净距”技能口述、笔试试题卡（初级工 007）

姓名：　　　　　准考证号：　　　　　　　　得分：

任务描述

给定容量分别为 100 kVA 和 1250 kVA 的 10 kV 油浸变压器各一台，要求写出变压器外廓与变压器室四周的最小净距，并书面作答。

“写出变压器外廓与变压器室四周的最小净距”技能口述、笔试评分标准（初级工 007）

姓名：　　　　　准考证号：　　　　　　　　得分：

参考答案及评分要点

1. 100 kVA 油浸变压器外廓与变压器室墙壁和门的最小净距（50 分）

（1）变压器外廓与后壁（5 分）、侧壁（5 分）净距为 600 mm（15 分）。

（2）变压器外廓与门（5 分）净距为 800 mm（20 分）。

2. 1250 kVA 油浸变压器外廓与变压器室墙壁和门的最小净距（50 分）

（1）变压器外廓与后壁（5 分）、侧壁（5 分）净距为 800 mm（15 分）。

（2）变压器外廓与门（5 分）净距为 1000 mm（20 分）。

考评员签字：　　　　　　　　考评日期：　　年　　月　　日

“居民用户违约用电查处”技能口述、笔试试题卡（初级工 008）

姓名：　　　　　　准考证号：　　　　　　　　　　　　得分：

任务描述

请根据所学内容，写出居民用户违约用电查处全过程，并从以下三个方面进行回答。

（1）工作前准备。

（2）工作过程。

（3）工作终结。

“居民用户违约用电查处”技能口述、笔试评分标准（初级工 008）

姓名：　　　　　　准考证号：　　　　　　　　　　　　得分：

参考答案及评分要点

1. 工作前准备（13 分）

（1）准备照相机（1 分）、录音笔（1 分）。

（2）主动出示（佩戴）有效工作证件（2 分）。

（3）应穿着工作服（1 分）、绝缘鞋（1 分）、戴绝缘手套（1 分）。

（4）检查前应先查阅客户资料（纸质资料或 186 系统资料）：供用电合同、客户用电变更记录、客户缺陷隐患记录等（6 分）。

2. 工作过程（80 分）

（1）查看是否私自改变用电类别（8 分）。

（2）查看是否私自超过合同约定的容量用电（8 分）。

（3）查看是否私自迁移、更动供电企业的用电计量装置（4 分）、信息采集装置（4 分）。

(4) 查看是否私自引入 (3 分) 或供出电源 (3 分) 或将其他电源私自并网 (2 分)。

(5) 查看是否擅自使用已在供电企业办理暂停手续的计量装置 (8 分)。

(6) 保护好现场 (1 分)，对违约设备进行照相 (1 分)、录音 (1 分)、登记取得有效证据 (1 分)。

(7) 检查人员和客户代表双方在现场取证材料《客户违约用电查处取证记录表》上签名确认 (2 分)。一份交客户存留 (1 分)，另一份由用电检查人员收回存档作跟踪处理 (1 分)。

(8) 开具《客户违约用电、窃电通知书》(3 分) 交客户签收 (2 分)，耐心向客户解释说明违约款项 (2 分)。

(9) 按客户违约用电款项 (4 分)，依据《供电营业规则》第一百条规定做相应的现场处理 (4 分)。

(考评员提问，任选 a、b 其中之一)

a. 客户私自超过合同约定的容量用电的，依据《供电营业规则》第一百条规定，现场应如何处理？答：依据《供电营业规则》第一百条第二款 (3 分)，应拆除私增容设备 (2 分)。若用户要求继续使用，按新装增容办理手续 (2 分)。

b. 客户私自引入或供出电源违约用电的，依据《供电营业规则》第一百条规定，现场应如何处理？答：依据《供电营业规则》第一百条第六款 (3 分)，应立即拆除引入或供出电源 (4 分)。

(10) 填写《违约用电、窃电处理工作单》(2 分) 及《缴费通知单》(2 分)，计算确定应追补电费 (2 分) 和违约使用电费 (2 分)。

(11) 再次到客户处送达《缴费通知单》(1 分)，交客户签收 (1 分)。

3. 工作终结 (7 分)

(1) 确认已交付追补电费 (1 分) 和违约使用电费 (1 分)。

(2) 将《用电检查结果通知书》(1 分)、《违约用电、窃电处理工作单》(1 分)、《缴费通知单》(1 分)、《客户违约用电查处取证记录表》(1 分)、影像资料整理归档 (1 分)。

考评员签字：　　　　　　　　　　考评日期：　年　月　日

“用接地绝缘电阻表摇测接地装置接地电阻”技能操作任务单（初级工 009）

姓名： **准考证号：** **得分：**

一、任务描述

对新装的 1 kV～10 kV 配电工程，选择合适的接地绝缘电阻表验收配电系统接地装置安装情况，并填写相应记录。

二、考核方式

实操（技能操作）。

三、标准用时

40 分钟。

四、注意事项

(1) 注意操作者与带电设备保持足够的安全距离。

(2) 测量时应派专人监护。

“用接地绝缘电阻表摇测接地装置接地电阻”技能操作准备通知单（初级工 009）

一、场地位置及要求

(1) 考场应设在培训中心检修大车间实训场。

(2) 考场应具备便于断开设备、便于连接导线的测量要求。

(3) 考场要求设置考核人员桌椅。

二、工器具及材料要求

(1) 接地绝缘电阻表（500 V）：1 块。

(2) 接地绝缘电阻表（1000 V）：1 块。

(3) 接地绝缘电阻表（2500 V）：1 块。

(4) 接地绝缘电阻表（ZC-8 型）：1 块。

(5) 接地测量软线（BVR-2.5 mm^2，导线一端安装接线端子，另一端安装鳄鱼夹）：5 米。

(6) 接地测量软线（BVR-2.5 mm^2，导线一端安装接线端子，另一端安装鳄鱼夹）：20 米。

(7) 接地测量软线（BVR-2.5 mm^2，导线一端安装接线端子，另一端安装鳄鱼夹）：40 米。

(8) 轴助接地探测针（Ø16×500 mm）：2 支。

(9) 安全遮栏：2 套。

(10) 警示牌“止步，高压危险”：1 块。

(11) 标识牌“从此进出”：1 块。

(12) 扳手、改锥等电工常用工具：1 套。

三、其他要求

需两人配合操作。

“用接地绝缘电阻表摇测接地装置接地电阻”技能操作数据记录表（初级工 009）

姓名： **准考证号：** **得分：**

绝缘电阻测量记录表

读数	倍率	接地电阻值
第一次测量读数		
第二次测量读数		
第三次测量读数		

温度： 湿度：

“用接地绝缘电阻表摇测接地装置接地电阻”操作评分记录表（初级工009）

操作评分记录表

<table>
<tr><td colspan="2">姓名</td><td></td><td>准考证号</td><td colspan="2"></td><td>工作单位</td><td colspan="2"></td></tr>
<tr><td colspan="2">标准用时</td><td>40 min</td><td>累计用时</td><td colspan="5">点　分～　点　分</td></tr>
<tr><td>序号</td><td>项目</td><td colspan="5">评分标准(满分为100分)</td><td>配分</td><td>得分</td></tr>
<tr><td rowspan="2">1</td><td rowspan="2">工作前准备</td><td colspan="5">1. 戴安全帽,穿工作服、绝缘鞋
(1)未按要求的扣5分</td><td>5</td><td rowspan="2"></td></tr>
<tr><td colspan="5">2. 正确执行口头命令,履行开工手续
(1)未按要求的扣5分</td><td>5</td></tr>
<tr><td rowspan="3">2</td><td rowspan="3">工作过程</td><td colspan="5">1. 选用三端钮接地绝缘电阻表,检查接地绝缘电阻表外观、合格证。用短接法检查接地绝缘电阻表性能,检查接地探测针、测试线完好齐备
(1)未正确选择接地电阻表扣10分
(2)未检查接地电阻表外观、合格证、性能每项扣1分
(3)未检查接地探测针、测试线每项扣1分</td><td>15</td><td rowspan="3"></td></tr>
<tr><td colspan="5">2. 工作场地周围设置安全遮栏,在作业人员出入口处挂“从此进出”标识牌,在栏四周向外挂“止步,高压危险”警示牌
(1)试验场地未围好安全遮栏扣3分
(2)未挂标识牌和警示牌的每处扣2分</td><td>5</td></tr>
<tr><td colspan="5">3. 将被测接地装置与其保护设备断开。按接地绝缘电阻表摇测接线,可靠连接
(1)未将被测接地装置与其保护设备断开扣10分
(2)未正确接线的扣10分</td><td>20</td></tr>
</table>

续表

<table>
<tr><td colspan="2">姓名</td><td></td><td>准考证号</td><td></td><td>工作单位</td><td colspan="2"></td></tr>
<tr><td colspan="2">标准用时</td><td>40 min</td><td>累计用时</td><td colspan="4">点　　分 ～　　点　　分</td></tr>
<tr><td>序号</td><td>项目</td><td colspan="4">评分标准(满分为 100 分)</td><td>配分</td><td>得分</td></tr>
<tr><td rowspan="2">2</td><td rowspan="2">工作过程</td><td colspan="4">4. 正确测量：a. 水平平稳放置接地绝缘电阻表，检查检流计指针并调零至中心线。b. 选择倍率，先从大倍率开始测量，转速适中，旋动测量标度盘(指针向右摆动，刻度盘向右转动，指针向左摆动，刻度盘向左转动)，使指针指于中心线。c. 指针接近中心线时加速摇动至 120 r/min，指针稳定后直视读数。d. 若刻度盘读数大于 1，即可读数，若刻度盘读数小于 1，不可读数；将倍率开关调到小倍率，再进行以上操作，直至刻度盘读数大于 1，再进行读数。e. 再次测量，两次测量一致后读取测量标度盘读数。f. 读数乘以倍率，计算接地电阻值
(1)接地绝缘电阻表不平稳扣 1 分
(2)倍率选择不合适扣 2 分
(3)指针未调零扣 2 分
(4)少摇一次扣 5 分
(5)读数错误扣 5 分
(6)计算错误扣 5 分
(7)无判断结果或错误扣 5 分</td><td>25</td><td rowspan="2"></td></tr>
<tr><td colspan="4">5. 拆除接地绝缘电阻表遥测装置，擦拭清洁；恢复接地装置，连接可靠
(1)未拆除擦拭扣 5 分
(2)未可靠恢复扣 5 分</td><td>10</td></tr>
<tr><td rowspan="2">3</td><td rowspan="2">工作终结</td><td colspan="4">1. 试验报告填写完整，结论判断正确
(1)填写不完整扣 5 分
(2)结论错误扣 5 分</td><td>10</td><td rowspan="2"></td></tr>
<tr><td colspan="4">2. 清理现场，拆除围栏和警示牌，恢复原状，撤回看守人员，上交记录书
(1)清理不充分扣 2 分
(2)未清理扣 5 分</td><td>5</td></tr>
<tr><td colspan="2">总分</td><td colspan="6"></td></tr>
<tr><td colspan="2">备注</td><td colspan="6">在规定时间内未完成，每超过 5 分钟扣 5 分</td></tr>
</table>

考评员签字：　　　　　　　　　　考评日期：　　年　　月　　日

“数字及电子钳形表、万用表、测温仪使用”技能操作任务单（初级工 010）

姓名：　　　　　　　准考证号：　　　　　　　　　　　得分：

一、任务描述

在模拟柜上使用数字及电子钳型表测量电流，使用万用表测量物体电压、电阻值，使用测温仪正确测量变压器高低压套管连接头、母线温度。

二、考核方式

实操（技能操作）。

三、标准用时

30 分钟。

四、注意事项

（1）注意操作者与带电设备保持足够的安全距离。

（2）注意操作者在测量时可能造成电压短路和电流开路情况。

（3）用数字及电子钳形表测量电流。

（4）用万用表测电压、电阻值，以及进行电路导通测试。

（5）用测温仪测量母排接头温度和变压器外壳温度。

“数字及电子钳形表、万用表、测温仪使用”技能操作准备通知单（初级工 010）

一、场地位置及要求

（1）考场应设在实训室运行中的低压电能计量装置处或高低压电能表接线智能模拟装置处。

（2）考场要求设置考核人员桌椅。

二、工器具及材料要求

（1）数字及电子钳形表：1 块。

(2) 万用表：1 块。

(3) 测温仪：1 台。

(4) 测量用电阻：1 块。

(5) 导通测试用线：1 段。

三、其他要求

一人操作，一人监护。

"数字及电子钳形表、万用表、测温仪使用"技能操作数据记录表（初级工 010）

姓名： **准考证号：** **得分：**

数字及电子钳形表测量记录单

项目	电流值
A	
B	
C	

万用表测量记录单

项目	电压值	被测电阻测量值
A		
B		
C		

测温仪测量记录单

项目	高压侧套管接头	低压侧套管接头	母线
A			
B			
C			

“数字及电子钳形表、万用表、测温仪使用”操作评分记录表（初级工 010）

操作评分记录表

<table>
<tr><td colspan="2">姓名</td><td></td><td>准考证号</td><td></td><td>工作单位</td><td colspan="3"></td></tr>
<tr><td colspan="2">标准用时</td><td>30 min</td><td>累计用时</td><td colspan="5">点　　分 ～　　点　　分</td></tr>
<tr><td>序号</td><td>项目</td><td colspan="5">评分标准(满分为 100 分)</td><td>配分</td><td>得分</td></tr>
<tr><td rowspan="2">1</td><td rowspan="2">工作前准备</td><td colspan="5">1. 主动出示(佩戴)有关证件
(1)不出示(佩戴)证件扣 5 分</td><td>5</td><td rowspan="2"></td></tr>
<tr><td colspan="5">2. 穿工作服、绝缘鞋,戴安全帽、绝缘手套
(1)未按要求的扣 5 分</td><td>5</td></tr>
<tr><td>2</td><td>工作过程</td><td colspan="5">1. 数字及电子钳形表使用:检查设备状态是否良好,预估被测电流大小,粗侧电流,根据测量结果旋转转换开关到合适位置,准确测量电流数据并读数记录
(1)未检查钳形表是否有电、是否表面清洁,钳口闭合是否紧密,转换开关旋转是否灵活的扣 5 分
(2)测量时未将电源线置于钳口中央位置扣 5 分
(3)未将转换开关置于最高档粗测扣 5 分
(4)档位选错每次扣 5 分
(5)换档是带电换档扣 5 分
(6)未正确读取数据,每个扣 2 分
(7)测量完毕未将档位置于 OFF 档扣 4 分
2. 正确使用万用表:用万用表测量物体电压和电阻值。检查设备状态是否良好,水平放置万用表,将红色和黑色表笔分别与“+”端和“一”端连接。测试前进行调零,测量时红色表笔对应被测对象正极,黑色对应负极,测量时不允许手接触表笔金属部分和被测物体
(1)未检查万用表是否有电、转换开关旋转是否灵活的扣 5 分
(2)未检查表笔有无裂痕、表笔引线绝缘是否破损的扣 5 分
(3)测量时未水平放置万用表,扣 1 分
(4)红黑表笔接错扣 5 分
(5)测试前未调零扣 1 分
(6)测试时手指接触表笔金属部分或被测物体扣 5 分
(7)未将转换开关置于最高档粗测扣 5 分
(8)粗测后档位选错每次扣 2 分</td><td>35</td><td></td></tr>
</table>

续表

<table>
<tr><td colspan="2">姓名</td><td></td><td>准考证号</td><td></td><td>工作单位</td><td colspan="3"></td></tr>
<tr><td colspan="2">标准用时</td><td>30 min</td><td>累计用时</td><td colspan="5">点　　分 ～　　点　　分</td></tr>
<tr><td>序号</td><td>项目</td><td colspan="5">评分标准(满分为 100 分)</td><td>配分</td><td>得分</td></tr>
<tr><td rowspan="2">2</td><td rowspan="2">工作
过程</td><td colspan="5">(9)未正确读取数据每个扣 2 分
(10)测量电路导通时,导通判断失误扣 2 分
(11)测量完毕未将档位置于 OFF 档或交流电压最高档或空档扣 2 分</td><td>40</td><td rowspan="2"></td></tr>
<tr><td colspan="5">3. 正确使用测温仪:检查设备状态是否良好,将测温仪红点对准被测物体,按测温按钮,在测温仪的 LCD 上读取温度数据
(1)未检查设备电量及状态是否良好扣 4 分
(2)测温时未对准被测物体扣 5 分
(3)未正确读取温度数据扣 1 分</td><td>10</td></tr>
<tr><td>3</td><td>工作
终结</td><td colspan="5">1. 清理工作现场
(1)清理不彻底扣 5 分</td><td>5</td><td></td></tr>
<tr><td colspan="2">总分</td><td colspan="7"></td></tr>
<tr><td colspan="2">备注</td><td colspan="7">在规定时间内未完成,每超过 5 分钟扣 5 分</td></tr>
</table>

考评员签字：　　　　　　　　　　　　考评日期：　　年　　月　　日

二、用电监察员
中级工

“审查 10 kV 干式变压器试验报告”技能口述、笔试试题卡（中级工 001）

姓名：　　　　　　准考证号：　　　　　　　　　　得分：

任务描述

审查 10 kV 干式变压器试验报告。

（1）审查出具试验报告单位的资质。

（2）审查试验数据。

（3）审查其他项。

“审查 10 kV 干式变压器试验报告”技能口述、笔试评分标准（中级工 001）

姓名：　　　　　　准考证号：　　　　　　　　　　得分：

参考答案及评分要点

1. 审查出具试验报告单位的资质（12 分）

（1）审查是否有营业执照（3 分），且是否符合要求（3 分）。

（2）审查是否有承装（修、试）电力设施许可证（3 分），且是否符合要求（3 分）。

2. 审查试验数据（72 分）

（1）审查线圈直流电阻（高压 AB（6 分）、BC（6 分）、CA（6 分）；审查低压 a0（6 分）、b0（6 分）、c0（6 分））是否符合试验标准。

（2）审查铁心对地绝缘电阻是否符合试验标准（6 分）。

（3）审查交流耐压试验：试验耐压值是否符合试验标准（6 分）；持续时间是否符合试验标准（6 分）。

试验数据应符合《电气装置安装工程电气设备交接试验标准》GB 50150—2016 的要求（6 分），部分数据还应与设备出厂参数相比较（6 分），结果都应符合交接标准（6 分）。

3. 审查其他项（16 分）

（1）审查试验人（2 分）、审核人（2 分）及批准人（2 分）签字是否齐全且符合标准。

（2）审查试验报告是否有明确结论（2 分）并加盖合格章（2 分）、公司公章（2 分）。

（3）审查试验报告的完整性（2 分）。

（4）审查出厂试验日期与交接试验日期逻辑关系是否符合要求（2 分）。

考评员签字：　　　　　　　　　　　　　考评日期：　　年　　月　　日

“经互感器接入低压三相四线电能计量装置接线检查”技能操作任务单（中级工 002）

姓名：　　　　　　**准考证号：**　　　　　　　　　　**得分：**

一、任务描述

在给定的条件下，规范地完成经互感器接入低压三相四线电能计量装置接线检查。

二、考核方式

实操（技能操作）。

三、标准用时

30 分钟。

四、注意事项

（1）室内考场应具备良好照明、通风条件。

（2）工位之间应设有隔离围栏。

（3）全程带电作业，注意操作者与带电设备保持足够的安全距离。

“经互感器接入低压三相四线电能计量装置接线检查”技能操作准备通知单（中级工 002）

一、场地位置及要求

（1）考场应设在培训中心错接线实训室。

（2）考场要求设置考核人员桌椅。

二、工器具及材料要求

（1）验电笔（自带验电点）：1 支。

（2）三相四线带 TA 计量装置：1 组。

（3）模拟负载：1 套。

（4）数字钳形电流表：1 块。

（5）绝缘垫（1 m×5 m×5 mm）：1 块。

（6）伏安相位表：1 台。

（7）安全遮栏：2 套。

（8）标识牌“从此进出”：1 块。

（9）警示牌“止步，高压危险”：4 块。

（10）个人工具：1 套。

"经互感器接入低压三相四线电能计量装置接线检查"操作评分记录表（中级工002）

操作评分记录表

姓名			准考证号		工作单位	
标准用时		30 min	累计用时	点　分 ～　点　分		
序号	项目	评分标准(满分为100分)			配分	得分
1	工作前准备	1. 穿工作服、绝缘鞋，戴安全帽、绝缘手套，站在绝缘垫上，确认工器具绝缘是否良好 (1)未按要求的扣10分			10	
2	工作过程	1. 对计量柜(箱)金属部分进行验电 (1)未验电扣10分 (2)验电过程不正确扣5分			10	
		2. 外观检查计量装置接线情况：接线是否存在松动、脱落；接线端子盒电压、电流连板位置是否正确；电流二次线进出端子盒接线位置是否正确 (1)未进行外观检查扣15分 (2)外观检查未发现异常问题每项扣5分			15	
		3. 检查计量电压回路接线情况：观察电能表显示信息，并通过仪器测量，判断电压回路接线是否存在逆相序、断线失压问题，并查找出上述问题所在位置 (1)接线问题未发现扣10分 (2)未判断出问题点所在位置扣15分			25	
		4. 检查计量电流回路接线情况：观察电能表显示信息，并通过仪器测量，判断电流回路接线是否存在极性反、相序接错、断线失流等问题，并查找出上述问题所在位置 (1)接线问题未发现扣10分 (2)未判断出问题点所在位置扣15分			25	
		5. 考试过程中，仪器及工具的操作使用应正确 (1)仪器、工具操作使用不正确每项扣2分 (2)考试过程中发生仪器和工具掉落每次扣2分			10	

续表

姓名			准考证号		工作单位		
标准用时		30 min	累计用时	点　分～　点　分			
序号	项目	评分标准(满分为100分)				配分	得分
3	工作终结	1. 操作结束后,恢复现场,并整理工具 (1)现场恢复不合格扣3分 (2)工具未按要求整理扣2分				5	
总分							
备注		在规定时间内未完成,每超过5分钟扣5分					

考评员签字：　　　　　　　　　　考评日期：　　年　　月　　日

"10 kV用电客户消防安全检查"技能口述、笔试试题卡（中级工003）

姓名：　　　　**准考证号：**　　　　**得分：**

任务描述

通过对变电站的现场检查，查找客户变电站中消防安全存在的问题，按照要求下发《用电检查结果通知书》。

"10 kV用电客户消防安全检查"技能口述、笔试评分标准（中级工003）

姓名：　　　　**准考证号：**　　　　**得分：**

参考答案及评分要点

（1）着装：正确佩戴安全帽、手套，穿工作服、绝缘鞋（6分）。

（2）证件出示：进客户配电室应首先出示"用电检查证"（5分）。

（3）消防安全制度检查（共18分，至少说出3条）：①检查"消防责任制"；②每月对各班消防工作进行一次检查，并按要求做好记录；③经常进行消防宣传工作；④对防火重点部位要重点做好规范工作，要经常保持防火重点部位整洁，物品存放要有序；⑤各班室内照明、试验电源、插头插座等都要符合安全要求；

⑥消防器具应由专人负责；⑦各班班长是本班消防工作的第一责任人，兼职安全员是具体负责人。

(4) 消防设施检查：消防工具应该配置齐全（5 分）。

(5) 灭火器检查（共 24 分，至少说出 3 条）：①检查灭火器的铅封是否完好，灭火器一经开启即使喷射不多，也必须按规定要求再充装，充装后应做密封试验，并重新铅封；②检查可见部位防腐层的完好程度；③检查灭火器可见零部件是否完整，有无松动、变形锈蚀损坏，装配是否合理；④检查储存式灭火器的压力表指针是否在绿色区域，如指针在红色区域，应查明原因，检修后重新灌装；⑤检查灭火器的喷嘴是否畅通，如有堵塞应及时疏通；检查干粉灭火器喷嘴的防潮堵是否完好；检查喷枪零部件是否完备。

(6) 室外消防栓检查（共 18 分，应至少说出 3 条）：①检查消防栓启闭杆端周围有无杂物；②将专用消防栓钥匙套于杆头，检查是否合适；③用纱布擦除出水口螺纹上的积锈，检查门盖内橡胶垫圈是否完好；④打开消防栓，检查供水情况，要放净锈水后再关闭，并观察有无漏水现象，发现问题及时检修。

(7) 安全疏散通道、疏散标志、应急和照明装置检查：安全出口、疏散通道应畅通，安全疏散标志、应急照明应完好（6 分）。

(8) 其他检查（共 18 分，应至少说出 3 条）：①变电站的电缆沟和夹层应有消防设施，控制屏、高压柜和开关场区的端子箱等电缆孔应用防火材料封堵；②变电站设备室或设备区不得存放易燃、易爆物品，因施工需要放在设备区的易燃、易爆物品，应加强管理，并按规定要求使用，施工后应立即运走；③站内易燃、易爆区域禁止动火作业，特殊情况需要到主管部门办理动火手续，并采取安全可靠的措施；④及时消除站内的杂草，及时对距离设备较近的杂草进行砍伐，确保设备安全运行；⑤定期检查、试验火灾报警装置的完好性，存在故障的要及时处理；⑥运行人员应学习消防知识和消防器具使用方法，定期进行消防演习，并进行记录。

考评员签字：　　　　　　　　　　　　考评日期：　　年　　月　　日

"检查客户低压配电装置安全运行情况"
技能口述、笔试试题卡（中级工 004）

姓名： **准考证号：** **得分：**

任务描述

检查客户低压配电装置安全运行情况（以 JP 柜为例），并从以下三个方面进行回答。

（1）工作前准备。

（2）工作过程。

（3）工作终结。

图 2-1 现场 JP 柜未打开图片

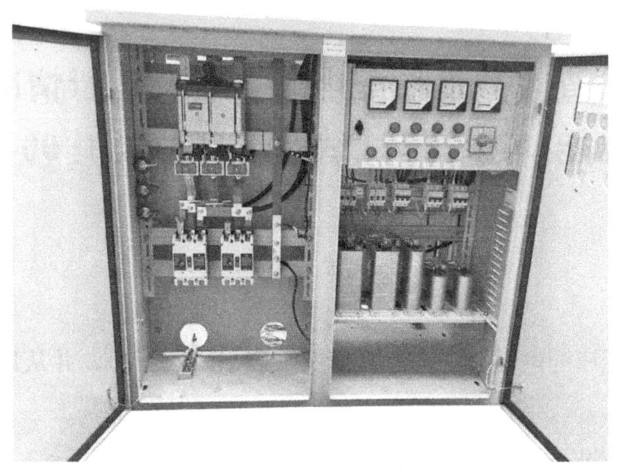

图 2-2 现场 JP 柜打开图片

“检查客户低压配电装置安全运行情况”技能口述、笔试评分标准（中级工 004）

姓名： **准考证号：** **得分：**

参考答案及评分要点

1. 工作前准备（11 分）

（1）应与客户预约时间（1 分），讲明工作内容（1 分）和工作地点（1 分），请客户予以配合（1 分）。

（2）进入客户单位时，车减速慢行（1 分），主动下车（1 分），向有关人员出示有效工作证件（1 分），表明身份并说明来意（1 分）。

（3）戴安全帽（1 分），穿长袖工作服（1 分）、绝缘鞋（1 分）。

2. 工作过程（80 分）

（1）检查 JP 柜是否标有“止步，有电危险”警告牌（3 分）。

（2）检查 JP 柜是否防雨雪（3 分）、防小动物（3 分）。

（3）检查 JP 柜是否有挡板［上（2 分）下（2 分）、左（2 分）右（2 分）、前（2 分）后（2 分）］，柜门是否正常关闭（2 分）。

（4）检查柜体是否接地（3 分），接地点是否牢固（3 分），接地线是否有腐蚀

(3分)。

(5) 检查JP柜底部是否抬高 (1分),是否高出地面200 mm以上 (1分)。

(6) 检查是否有杂草接触到JP柜 (2分)、是否有树枝接触到JP柜 (2分)。

(7) 检查A相 (2分)、B相 (2分)、C相 (2分) 电流表指示是否正常、电压表指示是否正常 (2分)、功率因数表指示是否正常 (1分)。

(8) 检查电容器是否鼓肚 (1分)、漏液 (1分)。

(9) 检查接头处接触是否良好 (2分)、是否过热 (2分),导线是否有破损 (2分)、是否有发热 (2分),开关是否有破损 (2分)、是否有发热 (2分),螺丝是否完整 (2分)、紧固 (2分)。

(10) 检查柜内转换开关 (1分)、指示灯 (1分)、断路器 (1分) 主要部件是否规范命名,柜内五线颜色标注是否正确 [A相线黄色 (2分)、B相线绿色 (2分)、C相线红色 (2分) 、中心线黑色 (2分)、PE线黄绿色 (2分)]、是否标到明显部位 (2分)。

3. 工作终结 (9分)

(1) 现场清理工具 (3分)。

(2) 下达《用电检查结果通知书》(1分),向客户解释说明存在的安全隐患 (1分) 及隐患引起的后果 (1分),解说后应让客户签字 (1分)。

(3) 预约安全隐患整改复查时间 (2分)。

考评员签字:　　　　　　　　　　　　考评日期:　　年　　月　　日

“调查分析低压客户发生的电器事故”技能口述、笔试试题卡（中级工 005）

姓名： **准考证号：** **得分：**

任务描述

（依零线断线烧电器为例）某小区 13 号住宅楼一到二层楼电灯烧毁多盏，而三到六层楼电灯比正常发光暗得多，还出现几户电器被烧毁的情况。客户立即报修，检查人员到现场检查，客户反应情况属实。检查人员用万用表测量客户单相电器设备，发现有的设备承受超过 300 V 以上的电压，有的设备承受不足 200 V 的电压。检查人员去楼梯间单元公用表箱检查，发现干线进表箱共用零线与表箱内零线排之间接头处烧断。请检查人员进行事故处理，并从以下三个方面进行回答。

（1）工作前准备。

（2）工作过程。

（3）工作终结。

“调查分析低压客户发生的电器事故”技能口述、笔试评分标准（中级工 005）

姓名： **准考证号：** **得分：**

参考答案及评分要点

1. 工作前准备（10 分）

（1）准备照相机（1 分）、录音笔（1 分）。

（2）见到客户主动出示（佩戴）有效工作证件（3 分）。

（3）应穿着工作服（1 分）、绝缘鞋（1 分），戴绝缘手套（1 分）。

（4）应在 24 小时内赴事故现场进行调查（2 分）。

2. 工作过程（84 分）

（1）保护好并查看事故现场（2 分），与相关人员了解事故经过（2 分）、发生现象（2 分），同时拍图、录音、登记取得有效证据（2 分）。

（2）事故原因：住宅小区供电采用三相四线制或三相五线制（4 分），干线进表箱共用零线与表箱内零线排之间接头处烧断（4 分），造成住户有的单相电器设备承受超过 300 V 的电压（7 分），有的单相电器设备电压很低（7 分），故有的电器、灯烧毁，有的灯变暗。

（3）事故责任：依据供用电合同（4 分），产权分界点划分，以二级计量箱的供电计量表表尾螺丝为分界点（4 分），螺丝及以上（电源侧）由供电公司维护管理（4 分）。干线进表箱共用零线与表箱内零线排之间接头处（4 分），属螺丝及以上（电源侧）由供电公司维护管理（4 分），故事故责任方属供电公司（4 分）。

（4）处理结果：根据《居民用户家用电器损坏管理办法》第八条至十二条规定（4 分），供电部门应修复或赔偿（4 分）。

（5）整改措施：修复好干线进表箱共用零线与表箱内零线排之间接头烧断处，令其安全正常用电（5 分）。

（6）防范措施：为防止零线断线事故发生，应注意以下七条（答对一条给 4 分，答对 3 条得满分 12 分）。

①零线截面不易太小；

②消除铜铝接头；

③三相负载尽量平衡，以保持零线电流不超过相线电流 25％；

④零线上不能有接头和熔断器；

⑤以后加强线路和设备维护，及时消除隐患；

⑥对出现的事故，通过会议、板报、广播形式做好学习宣传，防止类似事故再次发生。

（7）事故教训：电器事故会给国家和人民财产造成巨大损失（1 分），严重者甚至出现人身伤亡（1 分），我们必须加强零线管理（1 分）。

（8）协助客户形成事故报告（2 分）。

3. 工作终结（6 分）

应把事故报告（2 分）、客户取证记录表（2 分）、影像资料整理归档（2 分）。

考评员签字：　　　　　　　　　　　　考评日期：　年　月　日

“小动力用户违约用电查处”技能口述、笔试试题卡（中级工 006）

姓名： **准考证号：** **得分：**

任务描述

各位考生根据所学内容，写出小动力用户违约用电查处全流程，并从以下三个方面进行回答。

（1）工作前准备。

（2）工作过程。

（3）工作终结。

“小动力用户违约用电查处”技能口述、笔试评分标准（中级工 006）

姓名： **准考证号：** **得分：**

参考答案及评分要点

1. 工作前准备（10 分）

（1）准备照相机（1 分）、录音笔（1 分）。

（2）主动出示（佩戴）有效工作证件（1 分）。

（3）应穿着工作服（1 分）、绝缘鞋（1 分）、戴绝缘手套（1 分）。

（4）查阅客户资料（纸质资料或 186 系统资料）：供用电合同、客户缺陷隐患记录等（4 分）。

2. 工作过程（83 分）

（1）查看是否私自改变用电类别（8 分）。

（2）查看是否私自超过合同约定的容量用电（9 分）。

（3）查看是否私自迁移（2 分）、更动（2 分）和擅自（2 分）操作供电企业的用电计量装置（2 分）、电力负荷管理装置（2 分）、供电设施（2 分）。

(4) 查看是否私自引入(3分)或供出电源(3分)或将其他电源私自并网(2分)。

(5) 查看是否擅自使用已在供电企业办理暂停手续的电力设备(4分)或启用供电企业封存的电力设备(4分)。

(6) 保护好现场(1分),对违约设备进行照相(1分)、录音(1分)、登记取得有效证据(1分)。

(7) 检查人员和客户代表双方在现场取证材料《客户违约用电查处取证记录表》上签名确认(1分),一份交客户存留(1分),另一份由用电检查人员收回存档作跟踪处理(1分)。

(8) 开具《客户违约用电、窃电通知书》(2分)交客户签收(2分),耐心向客户解释说明违约款项(2分)。

(9) 按客户违约用电款项(4分),依据《供电营业规则》第一百条规定做相应的现场处理(4分)。

(以下考评员提问,任选a、b其中一项,共7分)

a. 客户私自超过合同约定的容量用电的,依据《供电营业规则》第一百条规定,现场应如何处理?答:依据《供电营业规则》第一百条第二款(3分),应拆除私增容设备(2分)。若用户要求继续使用,按新装增容办理手续(2分)。

b. 客户私自引入或供出电源违约用电的,依据《供电营业规则》第一百条规定,现场应如何处理?答:依据《供电营业规则》第一百条第六款(3分),应立即拆除引入或供出电源(4分)。

(10) 填写《违约用电、窃电处理工作单》(2分)及《缴费通知单》(2分),计算确定应追补电费(2分)和违约使用电费(2分)。

(11) 再次到客户处送达《缴费通知单》(1分),交客户签收(1分)。

3. 工作终结(7分)

(1) 确认已交付追补电费(1分)和违约使用电费(1分)。

(2) 将《用电检查结果通知书》(1分)、《违约用电、窃电处理工作单》(1分)、《缴费通知单》(1分)、《客户违约用电查处取证记录表》(1分)、影像资料整理归档(1分)。

考评员签字:　　　　　　　　　　考评日期:　　年　　月　　日

"低压三相四线电能表现场误差测试"
技能操作任务单（中级工 007）

姓名：　　　　　　准考证号：　　　　　　　　　　得分：

一、任务描述

在给定的条件下，规范地完成低压三相四线电能表现场误差测试。

二、考核方式

实操（技能操作）。

三、标准用时

60 分钟。

四、注意事项

（1）室内考场应具备良好照明、通风条件。

（2）应不少于两个工位，每个工位面积应不小于 5 m^2。

（3）工位之间应设有隔离围栏。

（4）全程带电作业，注意操作者与带电设备保持足够的安全距离。

"低压三相四线电能表现场误差测试"
技能操作准备通知单（中级工 007）

一、场地位置及要求

（1）考场应设在反窃电实训室。

（2）考场要求设置考核人员桌椅。

二、工器具及材料要求

（1）现场作业终端（P355-M-L）：1 台。

（2）三相计量故障识别模块（HGJL03）：1 台。

（3）三相计量装置：1 组。

（4）模拟负载：1 套。

(5) 数字钳形电流表：1块。

(6) 绝缘垫（1 m×5 m×5 mm)：1块。

(7) 万用表：1块。

(8) 安全遮栏：2套。

(9) 标识牌“从此进出”：1块。

(10) 警示牌“止步、高压危险”：4块。

(11) 封钳：若干。

(12) 个人工具：1套。

(13)《电能计量装置综合误差测试记录单》：1张。

“低压三相四线电能表现场误差测试”技能操作数据记录表（中级工007）

姓名： **准考证号：** **得分：**

一、电压、电流值

分相电压、电流测量记录表

项目	电压值	电流值
A		
B		
C		

二、误差测试结果

误差测试结果：________________

“低压三相四线电能表现场误差测试”操作评分记录表（中级工 007）

操作评分记录表

姓名		准考证号		工作单位		
标准用时		60 min	累计用时	点　　分　～　　点　　分		
序号	项目	评分标准(满分为 100 分)			配分	得分
1	工作前准备	1. 主动出示(佩戴)有关证件 (1)不出示(佩戴)扣 5 分			5	
		2. 穿工作服、绝缘鞋，戴安全帽、绝缘手套，站在绝缘垫上，确认操作工器具绝缘是否良好 (1)未按要求的扣 5 分			5	
2	工作过程	1. 现场安全布置：在计量装置四周设置遮栏，在遮栏四周向外设置“止步，高压危险”警示牌，出入口悬挂“从此进出”标识牌。口述第二种工作票 (1)未设遮栏扣 2 分 (2)未挂标识牌扣 2 分 (3)警示牌漏挂每处扣 1 分 (4)未正确填写第二种工作票扣 5 分 (5)工作票填写不规范扣 2 分			10	
		2. 封印检查：检查计量箱、电能表大盖、电能表小盖、封印是否完好，无封印或封印存在问题应记录，并用取证工具取证。使用验电笔进行验电 (1)漏检查每处扣 2 分 (2)未记录和取证扣 5 分 (3)漏记录和取证每处扣 2 分 (4)未正确验电扣 5 分 (5)未正确使用钢丝绳剪拆除封印扣 5 分			20	
		3. 分相电压、电流测量：用万用表和数字钳形电流表分别测量三相电压和负荷电流并记录 (1)测量时取错测量点或带电换档每次扣 5 分 (2)钳口闭合不严每次扣 2 分 (3)档位选择错误每次扣 5 分 (4)测试数据未记录或记录不全每项扣 2 分 (5)未正确拆除封印扣 5 分			20	

续表

<table>
<tr><td>姓名</td><td></td><td>准考证号</td><td></td><td>工作单位</td><td colspan="2"></td></tr>
<tr><td>标准用时</td><td>60 min</td><td>累计用时</td><td colspan="4">点　分 ～ 　点　分</td></tr>
<tr><td>序号</td><td>项目</td><td colspan="3">评分标准(满分为 100 分)</td><td>配分</td><td>得分</td></tr>
<tr><td rowspan="4">2</td><td rowspan="4">工作过程</td><td colspan="3">4. 电表接线及参数检查:检查计量装置接线有无松动,电能表有无报警信号,电流、电压数据显示是否正常,存在问题应记录,并用取证工具取证
(1)漏检查每处扣 1 分
(2)未记录和取证扣 5 分
(3)漏记录和取证每处扣 2 分</td><td>5</td><td rowspan="4"></td></tr>
<tr><td colspan="3">5. 安装三相计量故障识别模块并输入测量参数:使用三相计量故障识别模块,先将主机安装在接线卡座上,再将钳形互感器安装到主机上。将底座安装到三相智能电能表端子座,并用螺丝刀将固定螺丝拧紧,将电流夹钳夹到对应的出线火线上。打开现场作业终端,通过蓝牙与三相计量故障识别模块配对,并按照电表的规格设置误差参数
(1)未正确安装三相计量故障识别模块扣 5 分
(2)功能选择错误扣 5 分
(3)参数设置错误每项扣 2 分</td><td>15</td></tr>
<tr><td colspan="3">6. 误差测试并记录数据:正确操作现场作业终端,对电表误差进行测量,测试时应密切关注主要电参数的变化,如有异常应立即停止测试。测试完毕后记录误差测量结果
(1)未进行测试数据观察扣 2 分
(2)未记录测试结果扣 2 分</td><td>4</td></tr>
<tr><td colspan="3">7. 拆除三相计量故障识别模块:首先取下三相电流钳,然后取下接线卡座,最后断开电流钳与主机的连接导线。重新上封并记录封印编号
(1)电流线断开顺序错误扣 2 分
(2)未重新上封扣 3 分(漏上一颗封扣 1 分)
(3)未记录封印编号扣 2 分</td><td>6</td></tr>
<tr><td rowspan="2">3</td><td rowspan="2">工作终结</td><td colspan="3">1. 现场仪器仪表清理
(1)清理不彻底扣 5 分</td><td>5</td><td rowspan="2"></td></tr>
<tr><td colspan="3">2. 现场拆除的封印清理
(1)清理不彻底扣 5 分</td><td>5</td></tr>
<tr><td colspan="2">总分</td><td colspan="5"></td></tr>
<tr><td colspan="2">备注</td><td colspan="5">在规定时间内未完成,每超过 5 分钟扣 5 分</td></tr>
</table>

考评员签字：　　　　　　　　　　　　考评日期：　　年　　月　　日

“动力用户三相四线直通计量装置检查及窃电查处”技能操作任务单（中级工 008）

姓名：　　　　　　　准考证号：　　　　　　　　　　　　　得分：

一、任务描述

在三相四线直通计量装置上，检查给定的三相四线电能表是否有窃电行为，并填写相应的记录单。

二、考核方式

实操（技能操作）。

三、标准用时

30 分钟。

四、注意事项

（1）注意操作者与带电设备保持足够的安全距离。

（2）考核过程中其中一名监护人暂时作为用电客户。

“动力用户三相四线直通计量装置检查及窃电查处”技能操作准备通知单（中级工 008）

一、场地位置及要求

（1）考场应设在反窃电实训室。

（2）考场要求设置考核人员桌椅。

二、工器具及材料要求：

（1）现场作业终端（P3-55-M-L）：1 台。

（2）单相计量故障识别模块（HGJL03）：1 台。

（3）三相四线直通计量装置：1 组。

（4）模拟负载：1 套。

（5）数字钳形电流表：1 块。

(6) 绝缘垫（1 m×5 m×5 mm）：1 块。

(7) 万用表：1 块。

(8) 封钳：若干。

(9) 个人工具：1 套。

(10)《客户违约用电、窃电通知书》：1 张。

(11)《客户窃电处理结果通知书》：1 张。

(12)《分相电压、电流测量记录表》：1 张。

“动力用户三相四线直通计量装置检查及窃电查处”技能操作数据记录表（中级工 008）

姓名： **准考证号：** **得分：**

分相电压、电流测量记录表

项目	电压值	电流值
A		
B		
C		

<table>
<tr><td>客户编号</td><td colspan="2"></td><td>客户名称</td><td colspan="4"></td></tr>
<tr><td>用电地址</td><td colspan="2"></td><td></td><td colspan="4"></td></tr>
<tr><td colspan="8">现场检查情况：

因此你户存在以下（√）标注的违约/窃电行为：</td></tr>
<tr><td rowspan="7">违约用电行为</td><td colspan="7">《电力供应与使用条例》第三十条、《供电营业规则》第一百条</td></tr>
<tr><td colspan="6">1. 擅自改变用电类别</td><td></td></tr>
<tr><td colspan="6">2. 擅自超合同约定的容量用电</td><td></td></tr>
<tr><td colspan="6">3. 擅自超计划分配的用电指标</td><td></td></tr>
<tr><td colspan="6">4. 擅自使用已经在供电企业办理暂停使用手续的电力设备，或者擅自启用已经被供电企业查封的电力设备</td><td></td></tr>
<tr><td colspan="6">5. 擅自迁移、更动或者擅自操作供电企业的用电计量装置、电力负荷控制装置、供电设施以及约定由供电企业调度的客户受电设备</td><td></td></tr>
<tr><td colspan="6">6. 未经许可，擅自引入、供出电源或者将自备电源擅自并网</td><td></td></tr>
<tr><td rowspan="7">窃电行为</td><td colspan="7">《电力供电与使用条例》第三十一条、《供电营业规则》第一百零一条</td></tr>
<tr><td colspan="6">1. 在供电企业的供电设施上，擅自接线用电</td><td></td></tr>
<tr><td colspan="6">2. 绕越供电企业用电计量装置用电</td><td></td></tr>
<tr><td colspan="6">3. 伪造或者开启供电企业加封的用电计量装置封印用电</td><td></td></tr>
<tr><td colspan="6">4. 故意损坏供电企业用电计量装置</td><td></td></tr>
<tr><td colspan="6">5. 故意使供电企业的用电计量装置不准或者失效</td><td></td></tr>
<tr><td colspan="6">6. 采用其他方法窃电</td><td></td></tr>
<tr><td>处理意见告知</td><td colspan="7">经我局用电检查人员查实，你户存在上述（违约用电、窃电）行为，根据《供电营业规则》第____条第____款，应承担相应的（违约用电、窃电）责任。如属窃电行为的，我局根据《供电营业规则》第一百零二条规定，可当场中止供电。你户在接到本通知书三个工作日内到我局__________________办理有关手续，以免影响你户的正常用电
××供电局签章</td></tr>
<tr><td>用检人员签名</td><td></td><td>联系电话</td><td></td><td>日 期</td><td>年</td><td>月</td><td>日</td></tr>
<tr><td>客户签名</td><td></td><td>联系电话</td><td></td><td>日 期</td><td>年</td><td>月</td><td>日</td></tr>
<tr><td colspan="8">备注：</td></tr>
</table>

图 2-3　客户违约用电、窃电通知书

<table>
<tr><td>客户编号</td><td></td><td>客户名称</td><td></td></tr>
<tr><td>用电地址</td><td colspan="3"></td></tr>
<tr><td>用电检查处理意见</td><td colspan="3">据查,你户在用电设施上实施了以下行为:
(调用系统的手段或存在问题)

根据《电力供应与使用条例》第三十一条,以及《供电营业规则》第一百零一条的规定,上述行为属窃电行为
现依据《供电营业规则》第一百零二条和第一百零三条的有关规定以及《供用电合同》的约定,对你户的窃电行为作出如下处理:
1. 补收你户窃电期间用电电量________千瓦时,折算成电费________元;
2. 补收你户窃电期间基本电费________元;
3. 追加补交电费三倍的违约使用电费________元;
4. 以上三项合计________元。

限于____年____月____日前到××局(供电所)清缴

公 章:
日期: 年 月 日</td></tr>
<tr><td>客户意见</td><td colspan="3">客户代表签章:
日期: 年 月 日</td></tr>
<tr><td>备注</td><td colspan="3"></td></tr>
</table>

图 2-4 客户窃电处理结果通知书

“动力用户三相四线直通计量装置检查及窃电查处”操作评分记录表（中级工008）

操作评分记录表

<table>
<tr><td colspan="2">姓名</td><td></td><td>准考证号</td><td></td><td>工作单位</td><td colspan="3"></td></tr>
<tr><td colspan="2">标准用时</td><td>30 min</td><td>累计用时</td><td colspan="5">点　分 ～　点　分</td></tr>
<tr><td>序号</td><td>项目</td><td colspan="5">评分标准(满分为100分)</td><td>配分</td><td>得分</td></tr>
<tr><td rowspan="3">1</td><td rowspan="3">工作前准备</td><td colspan="5">1. 主动出示(佩戴)有关证件
(1)不出示(佩戴)扣5分</td><td>5</td><td rowspan="3"></td></tr>
<tr><td colspan="5">2. 穿工作服、绝缘鞋,戴安全帽、绝缘手套,站在绝缘垫上,确认操作工器具绝缘是否良好
(1)未按要求的扣5分</td><td>5</td></tr>
<tr><td colspan="5">3. 工器具、材料准备:电工工具、试电笔、电筒、“违约用电、窃电处理工作单”、数字钳形电流表、现场作业终端、三相计量故障识别模块不能缺少,满足安全要求
(1)每少一件扣1分
(2)工具不满足安全要求每件扣2分</td><td>5</td></tr>
<tr><td rowspan="2">2</td><td rowspan="2">工作过程</td><td colspan="5">1. 履行开工手续:口头办理第二种工作票和用电检查工作单;出示用电检查证
(1)未口头交代办理第二种工作票和用电检查工作单扣5分
(2)未出示用电检查证扣3分</td><td>5</td><td rowspan="2"></td></tr>
<tr><td colspan="5">2. 三相四线电能表及其线的检查:开箱前要验电,抄录电能表信息;检查计量箱的封锁,检查电能表的封印、外观,检查失压、失流记录;检查接线、螺钉、电压连接片;用数字钳形电流表测量相电压、线电压及电压连接片间的电压
(1)开箱未验电扣3分
(2)未检查封锁封印扣10分
(3)未检查外观扣5分
(4)未检查接线扣10分
(5)未检查电压连接片和螺钉扣10分
(6)未检查失压、失流记录扣10分
(7)未用数字钳形电流表测量相电压和线电压及电压连接片间的电压扣10分</td><td>45</td></tr>
</table>

续表

<table>
<tr><td colspan="2">姓名</td><td></td><td>准考证号</td><td></td><td>工作单位</td><td colspan="2"></td></tr>
<tr><td colspan="2">标准用时</td><td>30 min</td><td>累计用时</td><td colspan="4">点　分 ～ 点　分</td></tr>
<tr><td>序号</td><td>项目</td><td colspan="4">评分标准(满分为 100 分)</td><td>配分</td><td>得分</td></tr>
<tr><td rowspan="2">2</td><td rowspan="2">工作过程</td><td colspan="4">3. 填写《客户违约用电、窃电通知书》《违约用电、窃电处理工作单》。发现窃电嫌疑的向电力管理部门报案,请求依法查处,配合电力管理部门依法取证;正确完整填写各项内容,包括窃电时间的确定、窃电数量的计算、窃电金额的计算、违约使用电费的计算
(1)未向电力管理部门报案扣 10 分
(2)配合电力管理部门取证程序错误扣 5 分
(3)填写内容不完整或有涂改扣 2 分
(4)窃电电量计算错误扣 5 分
(5)窃电金额计算错误扣 5 分
(6)违约使用电费计算错误扣 5 分</td><td>15</td><td rowspan="2"></td></tr>
<tr><td colspan="4">4. 安全文明生产:注意保持与带电体的安全距离,不损坏工器具,不发生安全生产事故
(1)损坏工器具扣 5 分
(2)工器具每掉落一次扣 2 分</td><td>10</td></tr>
<tr><td rowspan="2">3</td><td rowspan="2">工作终结</td><td colspan="4">1. 现场仪器仪表清理
(1)清理不彻底扣 5 分</td><td>5</td><td rowspan="2"></td></tr>
<tr><td colspan="4">2. 现场拆除的封印清理
(1)清理不彻底扣 5 分</td><td>5</td></tr>
<tr><td colspan="2">总分</td><td colspan="6"></td></tr>
<tr><td colspan="2">备注</td><td colspan="6">在规定时间内未完成,每超过 5 分钟扣 5 分</td></tr>
</table>

考评员签字：　　　　　　　　　　　　考评日期：　　年　　月　　日

“用数字双钳相位伏安表和相序表测量电能量”技能操作任务单（中级工 009）

姓名：　　　　　　　准考证号：　　　　　　　　得分：

一、任务描述

使用数字双钳相位伏安表测量模拟柜上的三相电能计量装置交流电压、交流电流、相位角。

二、考核方式

实操（技能操作）。

三、标准用时

40分钟。

四、注意事项

(1) 室内考场应具备良好照明、通风条件。

(2) 注意操作者与带电设备保持足够的安全距离。

(3) 测量时应派专人监护。

"用数字双钳相位伏安表和相序表测量电能量"技能操作准备通知单（中级工009）

一、场地位置及要求

(1) 考场应设在实训室中运行的低压电能计量装置或高低压电能表接线智能模拟装置处。

(2) 考场要求设置考核人员桌椅。

二、工器具及材料要求

(1) 数字双钳相位伏安表：1块。

(2) 相序表：1块。

(3) 斜口钳：1把。

(4) 螺丝刀（一字）：1把。

(5) 螺丝刀（十字）：5把。

(6) 一次性封印（计量箱门）：1个。

(7) 一次性封印（表尾接线盒）：4个。

三、其他要求

一人操作，一人监护。

“用数字双钳相位伏安表和相序表测量电能量”技能操作数据记录表（中级工 009）

姓名：　　　　　　准考证号：　　　　　　　　　　得分：

一、电压相序（填“正相序”或“逆相序”）

____

二、参数测量

分相电压、电流测量记录表

项目	电压值	电流值
A		
B C		

电压、电流夹角测试记录表

夹角	测试结果
φ_1	
φ_2	
φ_3	

三、电能量表达式（写出表达式即可，无须代入数值计算）

$P=$________________________________

"用数字双钳相位伏安表和相序表测量电能量"操作评分记录表（中级工 009）

操作评分记录表

<table>
<tr><td colspan="2">姓名</td><td></td><td>准考证号</td><td colspan="2"></td><td>工作单位</td><td></td></tr>
<tr><td colspan="2">标准用时</td><td>40 min</td><td>累计用时</td><td colspan="4">点 分 ～ 点 分</td></tr>
<tr><td>序号</td><td>项目</td><td colspan="4">评分标准(满分为 100 分)</td><td>配分</td><td>得分</td></tr>
<tr><td rowspan="2">1</td><td rowspan="2">工作前准备</td><td colspan="4">1. 主动出示(佩戴)有关证件
(1)不出示(佩戴)扣 5 分</td><td>5</td><td rowspan="2"></td></tr>
<tr><td colspan="4">2. 戴安全帽,穿工作服、绝缘鞋
(1)未按要求的扣 5 分</td><td>5</td></tr>
<tr><td rowspan="5">2</td><td rowspan="5">工作过程</td><td colspan="4">1. 口头办理第二种工作票
(1)未口头办理第二种工作票扣 5 分</td><td>5</td><td rowspan="5"></td></tr>
<tr><td colspan="4">2. 用三步验电法对设备进行验电,验电时不应戴手套
(1)未采用三步验电法验电的扣 3 分
(2)验电时戴手套的扣 2 分</td><td>5</td></tr>
<tr><td colspan="4">3. 正确使用相序表,测试前检查测试线绝缘情况,测试线分色夹住电能表 A、B、C 三相接线柱,判断电压相序并记录
(1)测量前未检查测试线绝缘情况扣 5 分
(2)测试线未分色夹住电能表 A、B、C 三相接线柱扣 5 分
(3)测量中当任一测试线已与三相电路接通时,手触及其他测试线的金属每次扣 5 分
(4)相序判断错误扣 10 分</td><td>25</td></tr>
<tr><td colspan="4">4. 正确使用相位伏安表:在模拟柜上进行三相电能计量装置接线检查。分别进行交流电压的测量、交流电流的测量、电压与电流间相位测量、三相电压相序的测量,根据结果作出判断
(1)测量前未检查测试线绝缘扣 5 分
(2)接线不正确扣 5 分
(3)测量中当任一测试线已与三相电路接通时,手触及其他测试线的金属每次扣 10 分
(4)档位量程不正确每项扣 5 分
(5)项目测试不正确每项扣 2 分
(6)读数不正确扣 2 分</td><td>45</td></tr>
<tr><td colspan="4">5. 计算电能量
(1)电能量公式书写错误扣 5 分</td><td>5</td></tr>
<tr><td>3</td><td>工作终结</td><td colspan="4">1. 清理工作现场
(1)清理不彻底扣 5 分</td><td>5</td><td></td></tr>
<tr><td colspan="2">总分</td><td colspan="6"></td></tr>
<tr><td colspan="2">备注</td><td colspan="6">在规定时间内未完成,每超过 5 分钟扣 5 分</td></tr>
</table>

考评员签字：　　　　　　　　　　考评日期：　　年　　月　　日

"谐波的定义、产生的原因及危害"技能口述、笔试试题卡（中级工010）

姓名：　　　　　　准考证号：　　　　　　　　　　得分：

任务描述

从以下三个要点对谐波的定义、产生的原因及危害进行口述。

（1）谐波的定义。

（2）谐波产生的原因和谐波源分类。

（3）谐波的危害。

"谐波的定义、产生的原因及危害"技能口述、笔试评分标准（中级工010）

姓名：　　　　　　准考证号：　　　　　　　　　　得分：

参考答案及评分要点

1. 谐波的定义（20分，以下两点答对一个均得20分）

（1）谐波是指对周期性交流量进行傅里叶级数分解，得到频率为基波频率大于1整数倍的分量（依据《电能质量　公用电网谐波》GB/T 14549—1993规定）。

（2）谐波是一个周期电气量的正弦分量，其频率为基波频率的整数倍。

2. 谐波产生的原因及谐波源分类（30分）

谐波产生的原因主要有：由于正弦电压加压于非线性负载，基波电流发生畸变产生谐波（10分）。

谐波源分类：向公用电网注入谐波电流或在公用电网中产生谐波电压的电气设备叫作谐波源（5分）。电网中的主要谐波源有以下几点。

（1）具有铁磁饱和特性的铁芯设备，如变压器、电抗器等（5分）。

（2）以具有强烈非线性特征的电弧作为工作介质的设备，如气体放电灯、交流电弧焊机、炼钢电弧炉等（5分）。

(3) 以电子元件为基础的开关电源设备，如各种电力变流设备、相控调速和调压装置、大容量的电力晶闸管可控开关设备等（5分）。

3. 谐波的危害（50分）

(1) 对电力系统运行影响：引起局部并联或串联谐振，造成附加谐波损耗，影响断路器灭弧能力，增加附近磁场干扰（10分）。

(2) 对电力电容器运行影响：使电容器过负荷而严重影响其使用寿命，当谐波引起谐振，使电容器谐波电流严重放大造成电容器过热而损坏（10分）。

(3) 对电机影响：高次谐波使电机损耗增加，缩短电气绝缘寿命（10分）。

(4) 对继电保护影响：引发继电保护装置误动作，严重威胁电力系统安全运行（10分）。

(5) 对电子设备影响：谐波会使电子类设备运行异常，同时高次谐波会造成通信干扰（10分）。

考评员签字：　　　　　　　　　　　　考评日期：　　年　　月　　日

三、用电监察员
高级工

“审查 10 kV 单电源客户受电工程电气图纸”技能口述、笔试试题卡（高级工 001）

姓名：　　　　　　准考证号：　　　　　　　　　　得分：

任务描述

对 10 kV 单电源客户受电工程电气图纸审查内容进行口述，请从以下五个方面进行回答。

（1）审查 10 kV 单电源客户受电工程电气图纸设计图章。

（2）审查一次主接线图。

（3）审查主设备。

（4）审查计量装置。

（5）审查继电保护及工作电源配置。

“审查 10 kV 单电源客户受电工程电气图纸”技能口述、笔试评分标准（高级工 001）

姓名：　　　　　　准考证号：　　　　　　　　　　得分：

参考答案及评分要点

1. 审查 10 kV 单电源客户受电工程电气图纸设计图章（10 分）

审查图纸是否均盖有设计图章（2 分），设计图章是否超期；审查资质范围是否符合要求（6 分）；审查每张图纸设计、制图、校核、审查人员签字是否齐全（2 分）。

2. 审查一次主接线图（35 分）

审查一次主接线图与供电方案要求是否相符（5 分）。当 10 kV 单电源电气主接线为线路—变压器组时，通常电气设备从进线到出线排列方式为：隔离开关（刀闸）、跌落式熔断器（高压）、高压柱上开关及计量箱、避雷器、变压器、柱上低压配电柜（箱）（10 分，考生应能够描述出主接线图为线路—变压器组时主要设备的排布，错漏一项扣 2 分)。当 10 kV 单电源电气主接线为单母线时，通常从进线到出线布置方式为：进线隔离柜、进线断路器柜（负荷开关)、计量柜（计量柜根据当地供电部门防窃电要求位置可以前置)、出线断路器柜（负荷开关)、电压互感器柜（10 分，考生应能够描述出主接线图为单母线时主要设备的排布，错漏一项扣 2 分)。常用一次电气设备主要有：进线电缆、带电显示器、避雷器、隔离开关、母线、进线断路器（负荷开关)、电流互感器（继电保护)、过电压保护器（配合真空断路器使用)、带熔断器的电压互感器（计量)、电流互感器（计量)、电压互感器（控制、测量、继电保护)、出线断路器、接地开关等（10 分)。

3. 审查主设备（25 分)

设备"五防"审查（5 分，要求考生说出需要采用机械或电气闭锁的位置)。母线及电缆审查，应根据电缆允许载流量、机械强度、电压损失条件，结合工作电流、环境温度、日照、路径、敷设方式等因素进行校验（3 分)。隔离开关、负荷开关、断路器、接地开关（刀闸）审查（5 分，要求考生说出以上设备特性和用途)。变压器审查，变压器容量应综合考虑客户申请容量、用电设备总容量，并结合生产特性兼顾同时率。一般计算负荷宜等于变压器额定容量的 70%～75%。应采用节能型变压器，不得采用国家淘汰型号。变压器的台数应根据负荷特点和经济运行进行设计，当存在大量一级二级负荷、季节负荷变化较大、集中负荷较大情况之一的，宜装设两台及以上变压器（5 分)。避雷器型号及装设位置审查（4 分，10 kV 客户受电装置一般在进线侧和母线上装设避雷器，在真空断路器的负荷侧装设过电压保护器。考生应说出目前常用的氧化锌避雷器型号和含义)。无功补偿方式及容量审查，当无功不具备计算条件时，10 kV 客户无功补偿总容量可按照变压器容量的 20%～30%确定（3 分)。

4. 审查计量装置（15 分)

选用电能表准确度等级不低于 1.0 级、电压互感器准确度等级不低于 0.5 级、电流互感器准确度等级不低于 0.5S 级（5 分)。电流互感器变比二次采取 5 A 制，额定一次电流的确定应保证其在正常运行中的实际负荷电流达到额定值的 60%左右，至少不应小于 30%。电压互感器变比为 10/0.1，采用 V/V 接线（5 分)。计量 TA、TV 二次回路的连接导线应采用铜质单芯绝缘线，且相色应分开。电流二次回路连接导线的截面积应按电流互感器的额定二次负荷计算确定，至少不应小于 4 mm^2。电压二次回路连接导线截面积应按允许的电压降计算确定，至少不应小于 2.5 mm^2（5 分）。

5. 审查继电保护及工作电源配置（15 分）

继电保护配置：变压器容量在 400 kVA 以下，高压侧可采用高压熔断器保护。变压器容量在 400 kVA 及以上，800 kVA 以下，可采用负荷开关—熔断器组合电器保护，若变压器高压侧采用断路保护，应装设带时限的过电流保护；若高压侧采用断路器且过电流保护时限大于 0.5 s 时，应装设电流速断保护。其中 400 kVA 和 800 kVA 以上油浸式变压器应装设瓦斯保护。变压器容量在 800 kVA 及以上，应采用断路器并装设电流保护，过电流保护时限大于 0.5 s 时，应装设电流速断保护，当电流速段保护不能满足灵敏性要求时，应装设纵联差动保护。若出现过负荷情况，根据过负荷的可能性装设过负荷保护（10 分）。工作电源配置：容量较小，且不带特别重要负荷的 10 kV 单电源客户，宜采用弹簧储能合闸和分闸的全交流操作方式，或 UPS 电源供电的交流操作方式（5 分）。

考评员签字：　　　　　　　　　　　考评日期：　　年　　月　　日

“调查分析 10 kV 用电客户发生的重大事故”技能口述、笔试试题卡（高级工 002）

姓名：　　　　　　**准考证号：**　　　　　　　　　　**得分：**

任务描述

××公司运行方式：由 X110 kV 站 222 花园路和 Y110 kV 站 213 步行街双路供电，变压器容量均为 2000 kVA，变压器低压出线互为闭锁。当 222 花园路用电时，213 步行街路热备用；当 222 花园路停电时，自动倒到 213 步行街路。反之亦然。

2013 年 11 月 1 日 10 点 30 分，××公司 X110 kV 站 222 花园路供电变压器低压封闭母线间绝缘损坏造成短路，损坏程度如图所示，同时造成 X110 kV 站 222 花园路停电 8 小时，损失电量估计 50 万度，客户经济损失 15 万元左右，现场检查发现 222 花园路用户继电保护失去操作电源，退出运行。请检查人员进行事故处理，并从以下三方面进行回答。

（1）工作前准备。

（2）工作过程。

（3）工作终结。

图 3-1 低压封闭母线出口短路事故现场图

“调查分析 10 kV 用电客户发生的重大事故”技能口述、笔试评分标准（高级工 002）

姓名： **准考证号：** **得分：**

参考答案及评分要点

1. 工作前准备（10 分）

（1）准备照相机（1 分）、录音笔（1 分）。

（2）见到客户主动出示（佩戴）有效工作证件（3 分）。

（3）应穿着工作服（1 分）、绝缘鞋（1 分），戴绝缘手套（1 分）。

（4）应尽快赴事故现场进行调查（2 分）。

2. 工作过程（84 分）

（1）保护好并查看事故现场（2 分）；与相关人员了解事故经过（2 分）、发生现象（2 分）；同时拍图、录音、登记取得有效证据（2 分）。

（2）事故原因：222 花园路变压器低压封闭母线间绝缘损坏造成短路（6 分），且继电保护失去操作电源，退出运行，造成不动作（6 分），酿成事故。

（3）造成损失：造成X110 kV站222花园路全路停电8小时（2分），222花园路损失电量估计50万度（2分），客户经济损失15万元左右（2分）。

（4）事故责任：依据供用电合同产权分界点划分（2分），以供电公司分接箱电缆接头出线螺丝为分界点（4分），螺丝及以上（电源侧）由供电公司维护管理（4分），以下由用电客户维护管理（4分）。变压器低压封闭母线间绝缘损坏短路，由用电客户维护管理（4分），故事故责任方属用电客户（4分）。

（5）处理结果：根据《中华人民共和国电力法》第六十条规定（4分），用电客户应当依法承担赔偿责任（2分）。

（6）整改措施：修复烧毁的母线（2分）及继电保护操作电源（2分）。按照规定做继电保护试验（2分）、电器设备预防试验（2分）、绝缘工具试验（2分），合格后，送电令客户安全正常用电（2分）。

（7）防范措施：为防止类似事故发生，我们必须加强督促用户应按照规定周期进行继电保护实验（2分）、电器设备预防性实验（2分）、绝缘工具实验（2分）。加强对用电检查人员和值班电工业务（2分）和意识的培训（2分），提高他们责任心（2分）和业务水平（2分）。按规定周期做好安全巡视检查（2分）。

（8）7天内协助客户形成事故报告（2分）。

3. 工作终结（6分）

事故报告（的2分）、客户取证记录表（2分）、影像资料整理归档（2分）。

考评员签字：　　　　　　　　　　考评日期：　　年　　月　　日

“用绝缘电阻表摇测电力变压器绝缘电阻及吸收比”技能操作任务单（高级工 003）

姓名： **准考证号：** **得分：**

一、任务描述

考生应正确选择仪器仪表，了解电力变压器绝缘电阻测量项目都有哪些，并根据考官要求进行两个项目测试，记录测试结果和计算吸收比。

二、考核方式

实操（技能操作）。

三、标准用时

60 分钟。

四、注意事项

(1) 应装设围栏（遮栏）。

(2) 注意操作者与带电设备保持足够的安全距离。

(3) 测量时，监护人可协助进行计时和数据记录。

“用绝缘电阻表摇测电力变压器绝缘电阻及吸收比”技能操作准备通知单（高级工 003）

一、场地位置及要求

(1) 考场应设在培训中心检修车间。

(2) 考场要求设置考核人员桌椅。

二、工器具及材料要求

(1) 电力变压器（10 kV）：1 台。

(2) 绝缘电阻表（500 V）：1 块。

(3) 绝缘电阻表（1000 V）：1 块。

(4) 绝缘电阻表（2500 V）：1 块。

(5) 测试线：3 根。

(6) 短接线：2 根。

(7) 放电棒：1 支。

(8) 屏蔽环 ：2 个。

(9) 安全遮栏：2 套。

(10) 警示牌“止步，高压危险”：1 块。

(11) 标识牌“从此进出”：1 块。

(12) 温度计（0 ℃～100 ℃）：1 支。

(13) 湿度计：1 支。

(14) 秒表：1 块。

(15) 个人工具：1 套。

(16) 干净的布或棉纱：若干。

(17) 绝缘手套：2 副。

三、其他要求

需两人配合操作。

“用绝缘电阻表摇测电力变压器绝缘电阻及吸收比”技能操作数据记录表（高级工 003）

姓名： **准考证号：** **得分：**

一、测量项目名称：高压绕组对低压绕组

测量数据：R60＝

R15＝

吸收比＝

二、测量项目名称：高压绕组对地

测量数据：R60＝

R15＝

吸收比＝

温度：

湿度：

“用绝缘电阻表摇测电力变压器绝缘电阻及吸收比”操作评分记录表（高级工 003）

操作评分记录表

<table>
<tr><td colspan="2">姓名</td><td></td><td>准考证号</td><td></td><td>工作单位</td><td colspan="3"></td></tr>
<tr><td colspan="2">标准用时</td><td>60 min</td><td>累计用时</td><td colspan="5">点　　分 ～　　点　　分</td></tr>
<tr><td>序号</td><td>项目</td><td colspan="5">评分标准(满分为 100 分)</td><td>配分</td><td>得分</td></tr>
<tr><td rowspan="2">1</td><td rowspan="2">工作前准备</td><td colspan="5">1. 穿工作服、绝缘鞋,戴安全帽、绝缘手套
(1)未按要求的每项扣 2 分,最多扣 5 分</td><td>5</td><td rowspan="2"></td></tr>
<tr><td colspan="5">2. 口头履行第一种工作票开工手续
(1)未按要求的扣 5 分</td><td>5</td></tr>
<tr><td rowspan="4">2</td><td rowspan="4">工作过程</td><td colspan="5">1. 正确选择 500 V、2500 V 绝缘电阻表,检查绝缘电阻表外观是否完好、合格证是否齐全。分别将绝缘电阻表进行短路和开路试验:L、E 端子开路试验,绝缘电阻表放在水平位置,缓慢摇动手柄至额定转速(120 r/min),绝缘电阻表指针应指向∞位置;L、E 端子短路试验,缓慢摇动手柄,绝缘电阻表指针应指向 0 位置。满足以上两点,证明此绝缘电阻表良好
(1)未正确选择 500 V、2500 V 绝缘电阻表扣 20 分
(2)未检查绝缘电阻表外观、合格证扣 5 分
(3)未对绝缘电阻表做开路和短路试验每个扣 10 分
(4)试验中绝缘电阻表未水平放置扣 1 分
(5)开路试验转速未达到规定值扣 2 分
(6)试验结果未达到规定,但考生未提出正确结论扣 2 分</td><td>40</td><td rowspan="4"></td></tr>
<tr><td colspan="5">2. 悬挂标牌:在作业人员出入口处挂“从此进出”标识牌,在栏四周向外挂“止步,高压危险”警示牌
(1)缺少标识牌扣 1 分
(2)缺少警示牌扣 1 分</td><td>2</td></tr>
<tr><td colspan="5">3. 摇测前准备:擦拭干净高低压瓷套管,将一次侧、二次侧接线柱分别用短接线短接;确定高压对低压、高压对地、低压对地、低压对铁芯绝缘摇测项目
(1)瓷套管未擦拭或擦拭不干净扣 1 分
(2)一次侧、二次侧接线柱未用短接线短接扣 1 分
(3)未确定摇测项目或确定不全扣 4 分</td><td>6</td></tr>
<tr><td colspan="5">4. 绝缘电阻表端正确接线:红色测试线一端接到测量仪 L 端,黑色测试线一端接到测量仪 E 端(测量高压对低压、高压对地采用 2500 V 绝缘电阻表;测量低压对地、低压对铁芯采用 500 V 绝缘电阻表)
(1)连接错误扣 5 分</td><td>5</td></tr>
</table>

续表

姓名			准考证号		工作单位	
标准用时		60 min	累计用时	点 分 ～ 点 分		
序号	项目	评分标准(满分为100分)			配分	得分
2	工作过程	5. 不同项目引线连接:测量高压对低压绝缘电阻时,E端子接到变压器二次侧,L端子引线准备接一次侧,注意引线不得交叉和接触;测量低压对地绝缘电阻时,E端子接到变压器外壳,L端子引线准备接二次侧,注意引线不得交叉和接触 (1)连接错误每项扣5分			10	
		6. 测量绝缘电阻:缓慢转动摇柄待转动摇柄至120 r/min额定转速后,指针指向∞位置,把红色测试线一端放在线缆被测线芯上,分别记录15秒和60秒的绝缘阻值;测试读数结束后,先将L端子测试线与被测设备的测试极分开,再停止转动摇柄;将读数记录到试验报告单上,每次测量后都要将电缆放电,更换线芯重复上述操作,直至测量完所有项目(测量项目由监考老师为考生指定两项,分别是指高压对低压绝缘电阻、低压对地绝缘电阻) (1)未达转速读数每次扣2分 (2)读数时间错误每次扣1分 (3)读数不全或错误每次扣2分 (4)未进行放电或方法错误每次扣5分 (5)未对指定项目完成测量扣5分			20	
		7. 清理现场:拆除标识牌和警示牌 (1)未拆除标识牌和警示牌每处扣1分			2	
3	工作终结	1. 办理工作终结手续,提交试验报告单 (1)未办理工作终结手续扣1分 (2)提交报告单上的数据和计算的数据错误扣2分,试验结果判断错误扣2分			5	
总分						
备注		在规定时间内未完成,每超过5分钟扣5分				

考评员签字: 考评日期: 年 月 日

“6 kV～10 kV 橡塑绝缘电力电缆绝缘电阻和吸收比试验”技能操作任务单（高级工 004）

姓名：　　　　　　　　准考证号：　　　　　　　　　　　得分：

一、任务描述

考生应正确选择仪器仪表，了解 6 kV～10 kV 橡塑绝缘电力电缆绝缘电阻测量项目都有哪些，并根据考官要求进行两个项目测试，记录测试结果和计算吸收比。

二、考核方式

实操（技能操作）。

三、标准用时

60 分钟。

四、注意事项

（1）室内考场应具备良好照明、通风条件。

（2）应装设围栏（遮栏）。

（3）注意操作者与带电设备保持足够的安全距离。

（4）测量时，监护人可协助进行计时和数据记录。

“6 kV～10 kV 橡塑绝缘电力电缆绝缘电阻和吸收比试验”技能操作准备通知单（高级工 004）

一、场地位置及要求

（1）考场应设在实训室内能断开电源且便于测试接线的电缆终端接头处。

（2）考场要求设置考核人员桌椅。

二、工器具及材料要求

（1）橡塑绝缘电力电缆（6 kV～10 kV）：1 根。

（2）绝缘电阻表（500 V）：1 块。

（3）绝缘电阻表（1000 V）：1 块。

(4) 绝缘电阻表(2500 V):1 块。

(5) 测试线:3 根。

(6) 放电棒:1 支。

(7) 屏蔽环:2 个。

(8) 安全遮栏:2 套。

(9) 警示牌“止步,高压危险”:1 块。

(10) 标识牌“从此进出”:1 块。

(11) 温度计(0 ℃~100 ℃):1 支。

(12) 湿度计:1 支。

(13) 秒表:1 块。

(14) 个人工具:1 套。

(15) 干净的布或棉纱:若干。

(16) 绝缘手套:2 副。

三、其他要求

需两人配合操作。

“6 kV~10 kV 橡塑绝缘电力电缆绝缘电阻和吸收比试验”技能操作数据记录表(高级工 004)

姓名: **准考证号:** **得分:**

测量项目一

项目	数据
R60	
R15	
吸收比	

测量项目二

项目	数据
R60	
R15	
吸收比	

温度: 湿度:

“6 kV～10 kV 橡塑绝缘电力电缆绝缘电阻和吸收比试验”操作评分记录表（高级工 004）

操作评分记录表

<table>
<tr><td colspan="2">姓名</td><td></td><td>准考证号</td><td></td><td>工作单位</td><td colspan="2"></td></tr>
<tr><td colspan="2">标准用时</td><td>60 min</td><td>累计用时</td><td colspan="4">点　分 ～　点　分</td></tr>
<tr><td>序号</td><td>项目</td><td colspan="4">评分标准(满分为 100 分)</td><td>配分</td><td>得分</td></tr>
<tr><td rowspan="2">1</td><td rowspan="2">工作前准备</td><td colspan="4">1. 穿工作服、绝缘鞋,戴安全帽、绝缘手套
(1)未按要求的每项扣 2 分,最多扣 5 分</td><td>5</td><td rowspan="2"></td></tr>
<tr><td colspan="4">2. 口头履行第一种工作票开工手续
(1)未按要求的扣 5 分</td><td>5</td></tr>
<tr><td rowspan="4">2</td><td rowspan="4">工作过程</td><td colspan="4">1. 正确选择 2500 V 绝缘电阻表,检查绝缘电阻表外观是否完好、合格证是否齐全。分别将绝缘电阻表进行短路和开路试验:L、E 端子开路试验,绝缘电阻表放在水平位置,缓慢摇动手柄至额定转速(120r/min),绝缘电阻表指针应指向∞位置;L、E 端子短路试验,缓慢摇动手柄,绝缘电阻表指针应指向 0 位置。满足以上两点,证明此绝缘电阻表良好
(1)未正确选择 2500 V 绝缘电阻表扣 20 分
(2)未检查绝缘电阻表外观、合格证扣 5 分
(3)未对绝缘电阻表做开路和短路试验每个扣 10 分
(4)试验中绝缘电阻表未水平放置扣 1 分
(5)开路试验转速未达到规定值扣 2 分
(6)试验结果未达到规定,但考生未提出正确结论扣 2 分</td><td>40</td><td rowspan="4"></td></tr>
<tr><td colspan="4">2. 悬挂标牌:在作业人员出入口处挂“从此进出”标识牌,在栏四周向外挂“止步,高压危险”警示牌
(1)缺少标识牌扣 1 分
(2)缺少警示牌扣 1 分</td><td>2</td></tr>
<tr><td colspan="4">3. 摇测前准备:检查电缆头外观状况,擦拭电缆头;确定每相线芯对另两相及对地等摇测项目
(1)电缆头未擦拭或擦拭不干净扣 2 分
(2)未确定摇测项目或确定不全扣 4 分</td><td>6</td></tr>
<tr><td colspan="4">4. 绝缘电阻表端正确接线:红色测试线一端接到测量仪 L 端,黑色测试线一端接到测量仪 E 端,绿色测试线一端接到测量仪 G 端
(1)连接错误每项扣 5 分</td><td>5</td></tr>
</table>

续表

<table>
<tr><td>姓名</td><td colspan="2"></td><td>准考证号</td><td colspan="2"></td><td>工作单位</td><td></td></tr>
<tr><td>标准用时</td><td colspan="2">60 min</td><td>累计用时</td><td colspan="4">点　分～　点　分</td></tr>
<tr><td>序号</td><td>项目</td><td colspan="4">评分标准(满分为 100 分)</td><td>配分</td><td>得分</td></tr>
<tr><td rowspan="3">2</td><td rowspan="3">工作过程</td><td colspan="4">5. 不同项目引线连接:测量每项电缆对地绝缘电阻时,将 E 端子引线与电缆铠装相连,G 端子引线接电缆屏蔽层,屏蔽环装在缆芯端绝缘层上,L 端子引线准备接被测线芯,将电缆其余两相线芯外皮连接并一起接地。测量电缆各线芯间绝缘电阻时,E 端子接线芯,L 端子引线准备接被试线芯,另一线芯与电缆铠装外皮连接并接地,注意引线不得交叉和接触
(1)连接错误每项扣 5 分</td><td>10</td><td rowspan="3"></td></tr>
<tr><td colspan="4">6. 测量绝缘电阻:缓慢转动摇柄待转动摇柄至 120 r/min 额定转速后,指针指向∞位置,把红色测试线一端放在线缆被测线芯上,分别记录 15 秒和 60 秒的绝缘阻值;测试读数结束后,先将 L 端子测试线与被测设备的测试极分开,再停止转动摇柄;将读数记录到试验报告单上,每次测量后都要将电缆放电,更换线芯重复上述操作,直至测量完所有项目(测量项目由监考老师为考生指定两项,分别是指定相线芯对另一指定相线芯的绝缘电阻;指定相线芯对地绝缘电阻)
(1)未达转速读数每次扣 2 分
(2)读数时间错误每次扣 1 分
(3)读数不全或错误每次扣 2 分
(4)未进行放电或方法错误每次扣 5 分
(5)未对指定项目完成测量扣 5 分</td><td>20</td></tr>
<tr><td colspan="4">7. 清理现场:拆除标识牌和警示牌
未拆除标识牌和警示牌每处扣 1 分</td><td>2</td></tr>
<tr><td>3</td><td>工作终结</td><td colspan="4">1. 办理工作终结手续,提交试验报告单
(1)未办理工作终结手续扣 1 分
(2)提交报告单上的数据和计算的数据错误扣 2 分,试验结果判断错误扣 2 分</td><td>5</td><td></td></tr>
<tr><td colspan="2">总分</td><td colspan="6"></td></tr>
<tr><td colspan="2">备注</td><td colspan="6">在规定时间内未完成,每超过 5 分钟扣 5 分</td></tr>
</table>

考评员签字:　　　　　　　　　　考评日期:　　年　　月　　日

"低压电流互感器变比检查"
技能操作任务单（高级工 005）

姓名： **准考证号：** **得分：**

一、任务描述

请利用相关仪器仪表对低压电流互感器进行变比检查，并将测试结果填入《低压电流互感器变比检查记录单》。

二、考核方式

实操（技能操作）。

三、标准用时

45 分钟。

四、注意事项

(1) 室内考场应具备良好照明、通风条件。

(2) 应不少于两个工位，每个工位面积不小于 5 m^2。

(3) 工位之间应设有隔离围栏。

(4) 全程带电作业，注意操作者与带电设备保持足够的安全距离。

"低压电流互感器变比检查"
技能操作准备通知单（高级工 005）

一、场地位置及要求

(1) 考场应设在反窃电实训室。

(2) 考场要求设置考核人员桌椅。

二、工器具及材料要求

(1) 电流互感器现场测试仪（WDX-8B）：1 台。

(2) 三相四线带 TA 计量装置：1 组。

(3) 模拟负载：1 套。

(4) 数字钳形电流表：1块。

(5) 绝缘垫（1 m×5 m×5 mm)：1块。

(6) 万用表：1块。

(7) 安全遮栏：2套。

(8) 标识牌“从此进出”：1块。

(9) 警示牌“止步，高压危险”：4块。

(10) 封钳：若干。

(11) 个人工具：1套。

(12)《低压电流互感器变比检查记录单》：1张。

“低压电流互感器变比检查”
技能操作数据记录表（高级工005）

姓名： **准考证号：** **得分：**

一、电流值测量

分相电流测量记录表

项目	一次电流值	二次电流值
A		
B		
C		

二、变比测试

电流互感器变比测试记录表

项目	变比测试结果
A	
B	
C	

“低压电流互感器变比检查”操作评分记录表（高级工 005）

操作评分记录表

<table>
<tr><td colspan="2">姓名</td><td></td><td>准考证号</td><td></td><td>工作单位</td><td colspan="3"></td></tr>
<tr><td colspan="2">标准用时</td><td>45 min</td><td>累计用时</td><td colspan="5">点　　分 ～　　点　　分</td></tr>
<tr><td>序号</td><td>项目</td><td colspan="5">评分标准(满分为 100 分)</td><td>配分</td><td>得分</td></tr>
<tr><td>1</td><td>工作前准备</td><td colspan="5">1. 穿工作服、绝缘鞋，戴安全帽、绝缘手套，站在绝缘垫上，确认操作工器具绝缘是否良好
(1)未按要求的扣 5 分</td><td>5</td><td></td></tr>
<tr><td rowspan="3">2</td><td rowspan="3">工作过程</td><td colspan="5">1. 现场安全布置:在计量装置四周设置遮栏，在遮栏四周向外设置“止步，高压危险”警示牌，出入口悬挂“从此进出”标识牌。正确填写第二种工作票
(1)未设遮栏扣 2 分
(2)未挂标识牌扣 2 分
(3)警示牌漏挂每次扣 1 分
(4)未正确填写第二种工作票扣 5 分
(5)工作票填写不规范扣 2 分</td><td>10</td><td></td></tr>
<tr><td colspan="5">2. 封印检查:检查计量箱、电能表大盖、电能表小盖、封印是否完好，无封印或封印存在问题应记录，并用取证工具取证。使用验电笔进行验电
(1)漏检查每处扣 2 分
(2)未记录和取证扣 5 分
(3)漏记录和取证每处扣 2 分
(4)未正确验电扣 5 分
(5)未正确使用钢丝绳剪拆除封印扣 5 分</td><td>5</td><td></td></tr>
<tr><td colspan="5">3. 分相电压、电流测量:用万用表和数字钳形电流表分别测量单相电压和一、二次负荷电流并记录
(1)测量时选错测量点或带电换档每次扣 5 分
(2)钳口闭合不严每次扣 2 分
(3)档位选择错误每次扣 5 分
(4)测试数据未记录或记录不全每项扣 2 分
(5)未正确拆除封印扣 5 分</td><td>10</td><td></td></tr>
</table>

续表

<table>
<tr><td colspan="2">姓名</td><td></td><td>准考证号</td><td></td><td>工作单位</td><td colspan="2"></td></tr>
<tr><td colspan="2">标准用时</td><td>45 min</td><td>累计用时</td><td colspan="4">点　分 ～ 点　分</td></tr>
<tr><td>序号</td><td>项目</td><td colspan="4">评分标准(满分为 100 分)</td><td>配分</td><td>得分</td></tr>
<tr><td rowspan="5">2</td><td rowspan="5">工作过程</td><td colspan="4">4. 接线:根据电流互感器现场测试仪的面板提示,连接好仪器与被测互感器。其中测试线的四芯线在被测互感器的二次端子上红红、黑黑相接
(1)接线错误扣 10 分
(2)电流钳未先与测试仪进行连接每次扣 10 分
(3)电流钳钳入一次导线时极性相反每次扣 5 分
(4)电流钳钳口闭合不严每次扣 5 分</td><td>30</td><td rowspan="7"></td></tr>
<tr><td colspan="4">5. 测量参数设置:打开电流互感器现场测试仪电源开关,在主界面选择变比测量,进入变比测量界面,按照互感器铭牌以及测量的电流、电压值依次输入“准确等级”“功率因数”“一次电流”“二次电流”“额定负荷”“下限负荷”“户名编号”
(1)功能选择错误扣 5 分
(2)参数设置错误每项扣 2 分</td><td>15</td></tr>
<tr><td colspan="4">6. 测试数据记录:分别测量三相实际变比并记录数据
(1)测试漏相每项扣 2 分
(2)未记录测试结果扣 5 分</td><td>5</td></tr>
<tr><td colspan="4">7. 拆除测试线:先取下电流钳,然后断开电流钳与测试仪的连接导线
(1)电压线与零线的断开顺序错误扣 5 分
(2)电流线断开顺序错误扣 5 分</td><td>5</td></tr>
<tr><td colspan="4">8. 重新上封:重新上封并记录封印编号
(1)未重新上封扣 3 分
(2)漏上一颗封扣 1 分
(3)未记录封印编号扣 2 分</td><td>5</td></tr>
<tr><td rowspan="2">3</td><td rowspan="2">工作终结</td><td colspan="4">1. 应不发生安全或设备损坏事故
(1)作业过程中发生安全或设备损坏事故本项考核不及格</td><td>5</td></tr>
<tr><td colspan="4">2. 测试完毕后清理现场
(1)未清理场地扣 5 分
(2)清理不充分扣 2 分</td><td>5</td></tr>
<tr><td colspan="2">总分</td><td colspan="6"></td></tr>
<tr><td colspan="2">备注</td><td colspan="6">在规定时间内未完成,每超过 5 分钟扣 5 分</td></tr>
</table>

考评员签字:　　　　　　　　　　考评日期:　　年　　月　　日

“检查 10 kV 用电客户安全用电情况”
技能口述、笔试试题卡（高级工 006）

姓名：　　　　　　**准考证号：**　　　　　　　　　　**得分：**

任务描述

通过对 10 kV 变电站的现场检查，查找客户变电站中存在的问题，按照要求下发《用电检查结果通知书》。

“检查 10 kV 用电客户安全用电情况”
技能口述、笔试评分标准（高级工 006）

姓名：　　　　　　**准考证号：**　　　　　　　　　　**得分：**

参考答案及评分要点

（1）着装：正确佩戴安全帽、手套，穿工作服、穿绝缘鞋（5 分）。

（2）证件出示：进客户配电室应首先出示“用电检查证”（5 分）。

（3）工单使用情况（每点 2 分，共 4 分）：①持《用电检查工作单》开展检查工作；②客户存在的问题以《用电检查结果通知书》进行书面告知。

（4）核对客户基本情况：核对客户户名、地址、用电类别、用电负责人、调度联系电话、受电电源、电气设备主接线、受电设备参数、负荷构成、负荷变化情况、备用电源投切方式、连锁情况、容量情况等（6 分）。

（5）检查客户执行国家有关电力法规、方针、政策、标准、规章制度情况（5 分）。

（6）检查《供用电合同》及有关协议履行和变更情况（5 分）。

（7）检查客户配电室各种规章制度、管理运行制度及安全防护措施的执行情况（6 分）。

（8）检查客户配电室安全防护措施情况，如检查防小动物、防雨雪、防火、防触电等措施是否齐全，安全用具、临时接地线、消防器具是否齐全且试验是否合格（6 分）。

（9）检查客户配电室停电应急处置预案的编制及演练情况（6 分）。

（10）检查操作票、工作票及工作许可制度执行情况（6 分）。

（11）检查电能计量装置及运行情况（6 分）。

（12）检查客户受电端电能质量状况（5 分）。

（13）检查客户无功补偿设备运行情况和功率因数情况（6 分）。

（14）检查备自投设备运行情况（5 分）。

（15）检查客户高压电气设备的周期试验情况、继电保护和自动装置周期校验情况（6 分）。

（16）检查客户是否存在违约用电、窃电行为（6 分）。

（17）需注意的危险点（每点 1 分，共 6 分）：①随意触碰带电设备，发生人身伤亡事件；②误入带电间隔，发生人身伤亡事件；③擅自代替客户操作设备造成设备损坏或人身伤亡事件；④业务水平不到位，未能及时发现客户安全隐患，客户设备带隐患运行；⑤未履行四到位要求，未书面告知客户进行隐患整改；⑥安全防护措施不足，不能保障现场检查人员人身安全。

（18）需采取的安全措施（每点 1 分，共 6 分）：①用电检查人员进入客户现场检查时，严禁随意触碰带电设备；②用电检查人员进入客户现场检查时，要遵守客户保密规定，严禁随意走动；③严禁代替客户操作设备；④用电检查人员要经过技能考试合格后方可上岗；⑤针对客户存在的安全隐患，需使用《用电检查结果通知书》书面通知客户，并让客户主要负责人进行签收；⑥严格按照安全规定做好安全防护措施。

考评员签字：　　　　　　　　　　　　考评日期：　　年　　月　　日

“普通工业客户电能计量装置的抄读与电费计算”技能操作任务单（高级工 007）

姓名：　　　　　　　准考证号：　　　　　　　　　　得分：

一、任务描述

请对模拟普通工业客户电能计量装置数据与信息进行抄读，并根据抄读数据，结合给定的相关材料进行电费计算。

二、考核方式

实操（技能操作）。

三、标准用时

40 分钟。

四、注意事项

（1）应装设围栏（遮栏），悬挂“止步，高压危险”警示牌。

（2）注意操作者与带电设备保持足够的安全距离。

（3）注意操作者应对接触到的设备可能带电部位进行验电。

“普通工业客户电能计量装置的抄读与电费计算”技能操作准备通知单（高级工 007）

一、场地位置及要求

（1）考场应设在抄核收实训室。

（2）考场要求设置考核人员桌椅。

二、工器具及材料要求

（1）考题所需的客户基本材料：1 份。

（2）最新电价表：1 份。

（3）《功率因数调整电费表》：1 份。

（4）验电笔（自带验电点）：1 支。

(5) 答题表格及夹板：若干。

(6) 科学计算器：1个。

(7) 线手套：2副。

“普通工业客户电能计量装置的抄读与电费计算”技能操作数据记录表（高级工007）

姓名：　　　　　准考证号：　　　　　　　　得分：

<table>
<tr><td>电能表生产厂商</td><td></td><td>电能表型号</td><td></td><td>电能表规格</td><td></td></tr>
<tr><td>准确度等级常数</td><td colspan="2">有功：　　无功：</td><td rowspan="2">电能表编号</td><td colspan="2" rowspan="2"></td></tr>
<tr><td>常数</td><td colspan="2">有功：　　无功：</td></tr>
<tr><td>电压</td><td colspan="2">A相：　B相：　C相：</td><td>电流</td><td colspan="2">A相：　B相：　C相：</td></tr>
<tr><td>数据名称</td><td>当前表底数据</td><td colspan="2">上一个月表底数据</td><td colspan="2">上两个月表底数据</td></tr>
<tr><td>正向有功总</td><td></td><td colspan="2"></td><td colspan="2"></td></tr>
<tr><td>正向有功尖</td><td></td><td colspan="2"></td><td colspan="2"></td></tr>
<tr><td>正向有功峰</td><td></td><td colspan="2"></td><td colspan="2"></td></tr>
<tr><td>正向有功平</td><td></td><td colspan="2"></td><td colspan="2"></td></tr>
<tr><td>正向有功谷</td><td></td><td colspan="2"></td><td colspan="2"></td></tr>
<tr><td>组合无功Ⅰ</td><td></td><td colspan="2"></td><td colspan="2"></td></tr>
<tr><td rowspan="7">电量计算</td><td>数据名称</td><td colspan="2">本月电量</td><td colspan="2">上一个月电量</td></tr>
<tr><td>正向有功总</td><td colspan="2"></td><td colspan="2"></td></tr>
<tr><td>正向有功尖</td><td colspan="2"></td><td colspan="2"></td></tr>
<tr><td>正向有功峰</td><td colspan="2"></td><td colspan="2"></td></tr>
<tr><td>正向有功平</td><td colspan="2"></td><td colspan="2"></td></tr>
<tr><td>正向有功谷</td><td colspan="2"></td><td colspan="2"></td></tr>
<tr><td>正向无功总</td><td colspan="2"></td><td colspan="2"></td></tr>
<tr><td>其他电气计量
计算与分析</td><td colspan="5">(1)电能表示数不平衡计算：

(2)近两个月平均功率因数计算：</td></tr>
</table>

图3-2　普通工业客户三相四线智能电能表抄表检查记录单

"普通工业客户电能计量装置的抄读与电费计算"操作评分记录表（高级工007）

操作评分记录表

<table>
<tr><td colspan="2">姓名</td><td></td><td>准考证号</td><td colspan="2"></td><td>工作单位</td><td></td></tr>
<tr><td colspan="2">标准用时</td><td>40 min</td><td>累计用时</td><td colspan="4">点　分 ～　点　分</td></tr>
<tr><td>序号</td><td>项目</td><td colspan="4">评分标准(满分为100分)</td><td>配分</td><td>得分</td></tr>
<tr><td>1</td><td>工作前准备</td><td colspan="4">1. 穿长袖工装、绝缘鞋,戴安全帽、线手套
(1)未穿戴齐全的扣10分</td><td>10</td><td></td></tr>
<tr><td rowspan="5">2</td><td rowspan="5">工作过程</td><td colspan="4">1. 对计量柜(箱)金属部分进行验电
(1)未验电扣10分
(2)验电过程不正确扣5分</td><td>10</td><td rowspan="5"></td></tr>
<tr><td colspan="4">2. 核对电能表表号,并对电量、电压、电流、功率因数、告警信息、通信状态等表计显示数据及信息进行抄录和解读
(1)数据、信息抄录及解读不正确每项扣2分
(2)未能通过表计信息解读计量异常问题每项扣5分</td><td>20</td></tr>
<tr><td colspan="4">3. 通过给定的电流及电压互感器变比值计算倍率,根据电能表抄录的上一月和当前分时电量表底,计算分时电量
(1)倍率计算正确,表底计算不正确扣10分
(2)倍率计算不正确扣20分</td><td>20</td></tr>
<tr><td colspan="4">4. 根据给定的电价表以及计算的电量值计算电费
(1)计算不正确扣15分</td><td>15</td></tr>
<tr><td colspan="4">5. 根据电能表抄录的上一月和当前有功总表底、无功总表底、倍率计算平均功率因数(四舍五入后保留两位小数)。考生应熟悉功率因数考核办法,并根据功率因数调整电费表,最后计算总电费
(1)平均功率因数计算正确,总电费计算不正确扣5分
(2)平均功率因数计算不正确扣10分</td><td>20</td></tr>
<tr><td>3</td><td>工作终结</td><td colspan="4">1. 操作结束后,应关好计量柜门,并清理桌面
(1)未关好计量柜门或未清理桌面扣5分</td><td>5</td><td></td></tr>
<tr><td colspan="2">总分</td><td colspan="6"></td></tr>
<tr><td colspan="2">备注</td><td colspan="6"></td></tr>
</table>

考评员签字：　　　　　　　　　　　　　　考评日期：　　年　　月　　日

“编制高压供电客户计量方案”技能口述、笔试试题卡（高级工 008）

姓名：　　　　　　准考证号：　　　　　　　　　　得分：

任务描述

对某用户 10 kV 双电源供电的成套配电设施配电室进行现场勘查并编制高压供电客户计量方案。

“编制高压供电客户计量方案”技能口述、笔试评分标准（高级工 008）

姓名：　　　　　　准考证号：　　　　　　　　　　得分：

参考答案及评分要点

（1）开工准备：正确佩戴安全帽、手套，穿工作服、绝缘鞋，正确携带工器具（5 分）。

（2）对照现场配电设施或图纸，结合客户用电需求进行讲解（每点 4 分，共 16 分）：①介绍双电源供电对于负荷性质的意义；②介绍电网当前一次接线图；③介绍配电设备的作用、各标号的意义；④介绍安装设备及其容量的大小。

（3）按照供电营业规则要求，确定计量方式（每点 4 分，共 8 分）：①讲解采用高供高计方式；②讲解不同供电点、不同电价类别应分别装设的计量装置。

（4）计量点设置（每点 5 分，共 10 分）：①按供电营业规则要求，讲解计量点设置原则；②指出计量点位置。

（5）确定接线方式（每点 6 分，共 12 分）：①讲解不同系统采用不同接线方式的技术要求；②应采用三相三线接线方式，讲解三相三线接线方式的组成。

（6）分类及配置要求（每点 6 分，共 12 分）：①计量装置分五类，说明对应类别；②讲解五类计量装置准确度等级、对应配置说明。

（7）计量装置选择（每点 7 分，共 28 分）：①计量柜的选择；②电能表的选择；③互感器的选择；④二次回路的选择。

(8) 计量方案编写：以文字和表格形式编写，编写时应编辑电子文档（9分）。

考评员签字： 考评日期： 年 月 日

“私增容客户违约用电处理”
技能口述、笔试试题卡（高级工 009）

姓名： 准考证号： 得分：

任务描述

某客户为 10 kV 供电，执行两部制电价，合同容量为 1000 kVA。供电公司用电检查人员在检查时发现该用户在高压计量装置后面，接用 10 kV 高压电动机一台，容量为 100 kVA，实际用电容量 1100 kVA。截至发现之日，查明其已经使用三个月，该用户按容量计收基本电费，标准为每月每千伏 22 元，用电检查人员该如何对客户现场违约用电类别进行鉴定及计算违约电费呢？

“私增容客户违约用电处理”
技能口述、笔试评分标准（高级工 009）

姓名： 准考证号： 得分：

参考答案及评分要点

(1) 根据《供电营业规则》(10 分)，该用户的行为属私增容的违约用电行为(10 分)。

(2) 根据《供电营业规则》，私自超过合同约定的容量用电的，除应拆除私增容设备外，属于两部制电价的用户，应补交私增设备容量使用月数的基本电费，并承担三倍私增容量基本电费的违约使用电费（20 分）。

(3) 计算补收基本电费：私增容容量×基本电费单价×时间＝总金额，即

100 kVA×22 元/ kVA×3 月＝6600 元（20 分）。

(4) 计算违约使用电费：补收基本电费×3 倍＝违约使用电费总金额，即

6600 元×3＝19800 元（20 分）。

（5）如用户要求继续使用，应要求用户办理增容手续，并在增容手续归档前不得继续使用私增设备（20 分）。

考评员签字：　　　　　　　　　　　　　　　考评日期：　　年　　月　　日

“客户发电机安全运行情况检查”技能口述、笔试试题卡（高级工 010）

姓名：　　　　　　**准考证号：**　　　　　　　　　　**得分：**

任务描述

各位考生根据所学内容，写出客户发电机安全运行检查的内容，并从以下三个方面进行回答。

（1）工作前准备。

（2）工作过程。

（3）工作终结。

“客户发电机安全运行情况检查”技能口述、笔试评分标准（高级工 010）

姓名：　　　　　　**准考证号：**　　　　　　　　　　**得分：**

参考答案及评分要点

1. 工作前准备（10 分）

（1）准备照相机（1 分）、录音笔（1 分）。

（2）见到客户主动出示（佩戴）有效工作证件（2 分）。

（3）应穿着工作服（1 分）、绝缘鞋（1 分），戴绝缘手套、安全帽（1 分）。

（4）检查前应先查阅客户资料（纸质资料或 186 系统资料）：供用电合用，客户保安负荷档案，客户自备电源协议，一、二次系统图等（3 分）。

2. 工作过程（84 分）

（1）核查客户装设的自备发电机是否经供电部门审核批准（4 分）。

（2）核查自备发电机是否经双投刀闸或有闭锁装置的开关接入客户变电所母线（与电网有连接的线路）（10 分），当连接电网的电源开关未断开时，自备发电机不能接入（5 分）。

（3）核查未经用电检查部门同意，客户是否改变自备发电机与供电系统的一、二次接线（4 分）。

（4）核查自备发电机外壳是否单独可靠接地（4 分）；中性点是否单独可靠接地（4 分）；接地连接处有无锈蚀（4 分）、有无松动（4 分），接地线是否完好（4 分）。

（5）核查发电机燃油是否单独放置（5 分），消防是否措施可靠（4 分），油量是否满足其自身应急要求（3 分）。

（6）核查自备发电机有无渗漏油现象（5 分）。

（7）核查自备发电机协议是否齐备（3 分），启停操作步骤是否上墙提示（5 分）。

（8）核查自备应急电源有无定期进行预防性试验（2 分）、启机试验（2 分）和切换装置的切换试验（2 分）。

（9）检查试运能否正常启动（4 分）：①配置电源容量能否满足全部保安负荷正常供电要求（2 分）；②配置电源能否满足全部保安负荷允许断电时间（2 分）。

（10）检查有无擅自将自备应急电源引入（2 分），转供其他用户（2 分）。

3. 工作终结（6 分）

（1）清理现场工具（1 分）。

（2）下达《用电检查结果通知书》（1 分），向客户解释说明存在的安全隐患（1 分）及隐患引起的后果（1 分），解说后应让客户签字（1 分）。

（3）预约安全隐患整改复查时间（1 分）。

考评员签字： 考评日期： 年 月 日

四、用电监察员
技师

“检查 10 kV 用电客户配电室的继电保护及自动装置”技能口述、笔试试题卡（技师 001）

姓名： **准考证号：** **得分：**

任务描述

对 10 kV 用电客户配电室的继电保护及自动装置进行检查，请从以下三个方面描述整个检查过程和注意事项。

（1）工作前准备。

（2）工作过程。

（3）工作终结。

“检查 10 kV 用电客户配电室的继电保护及自动装置”技能口述、笔试评分标准（技师 001）

姓名： **准考证号：** **得分：**

参考答案及评分要点

1. 工作前准备（8 分）

（1）准备照相机（1 分）、录音笔（1 分）。

（2）见到客户主动出示（佩戴）有效工作证件（1 分）。

（3）应穿着工作服（1 分）、绝缘鞋（1 分），戴绝缘手套、安全帽（1 分）。

（4）检查前应先查阅客户资料（纸质资料或 186 系统资料）：供用电合同、客户用电变更记录、客户缺陷隐患记录等（2 分）。

2. 工作过程（86 分）

（1）查看继电保护装置屏显有无告警信息（6 分）。

（2）查看继电保护装置罩壳有无裂纹（5 分）、有无水汽（5 分）。

（3）查看继电保护及自动装置有无异音（5 分）。

（4）查看过流（6 分）、速断（6 分）等继电保护是否正常投入运行。

(5) 查看继电保护及自动装置所属各指示灯指示情况和当时实际运行方式是否相符（6分）。

(6) 查看继电保护及自动装置所属保护压板的投退位置和当时实际运行方式是否相符（6分）。

(7) 查看装置环境温度是否为0 ℃～40 ℃（5分）。

(8) 查看是否按周期做预防性试验（6分）。

(9) 查看继电保护装置整定值与继电保护单是否一致（5分）。

(10) 查看操作电源是否运行稳定且可靠（5分）。

(11) 查看各接线端子接线是否良好（5分），有无过热情况（5分），各插件插入是否良好并锁紧（5分）。

(12) 查看后台机运行是否正常，有无报警信息（5分）。

3. 工作终结（6分）

(1) 现场清理工具（1分）。

(2) 下达《用电检查结果通知书》（1分），向客户解释说明存在安全的隐患（1分）及隐患引起的后果（1分），解说后应让客户签字（1分）。

(3) 预约安全隐患整改复查时间（1分）。

考评员签字：　　　　　　　　　　　　　考评日期：　　年　　月　　日

“10 kV单电源客户变压器送电竣工验收”技能口述、笔试试题卡（技师002）

姓名：　　　　　　**准考证号：**　　　　　　**得分：**

任务描述

请描述10 kV单电源客户变压器送电竣工验收流程和注意事项。

请各位考生从以下三个方面回答：

(1) 工作前准备。

(2) 工作过程。

(3) 工作终结。

“10 kV单电源客户变压器送电竣工验收”技能口述、笔试评分标准（技师002）

姓名：　　　　　　　　准考证号：　　　　　　　　　　　　　　得分：

参考答案及评分要点

1. 工作前准备（8分）

（1）见到客户主动出示（佩戴）有效工作证件（3分）。

（2）应穿着工作服（1分）、绝缘鞋（1分），戴绝缘手套、安全帽（1分）。

（3）找客户前应查阅客户报送变压器竣工验收资料：竣工报告（1分）、试验报告（1分）。

2. 工作过程（65分）

（1）检查变压器本体有无缺陷（2分），外表是否整洁（2分），有无严重漏油（2分）和油漆是否有脱落现象（2分）。

（2）检查呼吸器是否有合格的干燥剂（2分）。

（3）检查油位是否正常（3分），各阀门的开闭位置是否正确（3分）。

（4）检查变压器中性点（3分）、外壳接地（3分）是否完好，接地电阻是否合格（3分）。

（5）检查分接开关位置是否符合电网运行要求（2分）。

（6）检查装有瓦斯保护变压器的瓦斯气体继电器观察窗是否充满油（3分）。

（7）检查室内安装的变压器是否能够自然通风（3分）；检查装有机械通风的变压器室风扇通电试运行是否良好（2分），风扇自启动装置定值是否正确（3分）。

（8）检查变压器基础是否牢固稳定（3分），是否有可靠的制动装置（3分）。

（9）检查变压器的坡度是否合格（3分）。

（10）检查主变压器引线对地及线间距离是否合格（3分），各部位导线触头是否紧固良好（3分）。

（11）检查变压器有无交接试验单（3分），有无遗漏试验项目（3分）。

（12）若验收不合格，不送电。下达《用电检查结果通知书》（1分），向客户解释说明不合格的原因或存在的安全隐患（1 分）及隐患引起的后果（1 分），解说后应让客户签字（1 分）。

（13）预约安全隐患整改复查时间（2 分）。

3. 工作终结（验收合格，完成所有相关手续再送电）（27 分）

（1）检查监视仪表的指示及变压器 A 相、B 相、C 相电压是否正常（4 分）；检查 A 相 B 相 C 相电流是否正常（4 分），观察负荷情况（4 分）。

（2）检查变压器发出的声音是否正常（4 分）。

（3）检查三相电流的平衡情况（4 分）。

（4）检查冷却系统运行是否正常（4 分）。

（5）填写整理资料并归档。（3 分）。

考评员签字：　　　　　　　　　　　考评日期：　　年　　月　　日

“高压单电源客户竣工检验的主要内容”技能口述、笔试试题卡（技师 003）

姓名：　　　　　　**准考证号：**　　　　　　　　　　**得分：**

任务描述

对高压单电源客户竣工检验主要内容进行口述。

“高压单电源客户竣工检验的主要内容”技能口述、笔试评分标准（技师 003）

姓名：　　　　　　**准考证号：**　　　　　　　　　　**得分：**

参考答案及评分要点

（1）审核客户受电工程施工、试验单位资质是否符合国家能源局规定（10 分）。

（2）检查客户受电工程是否按照设计图纸全部完成，施工内容是否符合设计要求，隐蔽工程是否有施工记录（10 分）。

（3）检查设备的安装、施工工艺和工程选用材料是否符合国家标准或电力行业标准（5分）。

（4）检查无功补偿装置是否能够正常投入运行（5分）。

（5）检查计量装置的配置和安装是否满足计量标准，是否安全可靠（5分）；计量采集通信信号是否良好，宜至少满足两个通信运营商信号良好接收（5分）。

（6）检查高压设备交接试验报告试验项目是否齐全，试验内容和过程是否满足试验标准，试验结果是否合格（10分）。

（7）检查继电保护定值整定情况，继电保护装置传动试验动作是否准确无误（10分）。

（8）检查闭锁装置是否齐全可靠（5分）。

（9）检查操作机构是否可靠有效，电气设备外观是否清洁，充油设备有无渗漏发生（10分）。

（10）客户变电所（站）的模拟图板（屏）接线、设备编号应规范且与实际相符，设备编号应正确、醒目（5分）。

（11）安全工器具、测量仪器仪表、消防器材应符合要求，产品应合格（10分）。

（12）进网作业电工值班配置应满足要求且具备相应资格（5分）。倒闸操作应规范，运行检修规程和安全管理制度应满足要求，应建立运行情况记录，备有操作票和工作票（5分）。

考评员签字：　　　　　　　　　　　考评日期：　　年　　月　　日

“大工业客户电能计量装置的抄读与电费计算”技能操作任务单（技师004）

姓名：　　　　　　**准考证号：**　　　　　　　　**得分：**

一、任务描述

请对模拟大工业客户电能计量装置数据与信息进行抄读，对抄读的数据结合给定的相关材料进行电费计算，并指出该大工业客户选择的基本电费计费方式是否合理及原因。

二、考核方式

实操（技能操作）。

三、标准用时

40分钟。

四、注意事项

(1) 应装设围栏（遮栏），悬挂“止步，高压危险”警示牌。

(2) 注意操作者与带电设备保持足够的安全距离。

(3) 注意操作者应对接触到的设备可能带电部位进行验电。

“大工业客户电能计量装置的抄读与电费计算”技能操作准备通知单（技师004）

一、场地位置及要求

(1) 考场应设在抄核收实训室。

(2) 考场要求设置考核人员桌椅。

二、工器具及材料要求

(1) 考题所需的客户基本材料：1份。

(2) 最新执行电价表：1份。

(3)《功率因数调整电费表》：1份。

(4) 验电笔（自带验电点）：1支。

(5) 答题表格及夹板：若干。

(6) 科学计算器：1个。

(7) 线手套：2副。

“大工业客户电能计量装置的抄读与电费计算”技能操作数据记录表（技师 004）

姓名：　　　　　　准考证号：　　　　　　　　　　得分：

<table>
<tr><td>电能表生产厂商</td><td></td><td>电能表型号</td><td></td><td>电能表规格</td><td></td></tr>
<tr><td>准确度等级
和电能表常数</td><td>有功：</td><td>无功：</td><td>电能表编号</td><td colspan="2"></td></tr>
<tr><td>电压</td><td colspan="2">A相：　B相：　C相：</td><td>电流</td><td colspan="2">A相：　B相：　C相：</td></tr>
<tr><td>数据名称</td><td>当前表底数据</td><td colspan="2">上一个月表底数据</td><td colspan="2">上两个月表底数据</td></tr>
<tr><td>正向有功总</td><td></td><td colspan="2"></td><td colspan="2"></td></tr>
<tr><td>正向有功尖</td><td></td><td colspan="2"></td><td colspan="2"></td></tr>
<tr><td>正向有功峰</td><td></td><td colspan="2"></td><td colspan="2"></td></tr>
<tr><td>正向有功平</td><td></td><td colspan="2"></td><td colspan="2"></td></tr>
<tr><td>正向有功谷</td><td></td><td colspan="2"></td><td colspan="2"></td></tr>
<tr><td>组合无功Ⅰ</td><td></td><td colspan="2"></td><td colspan="2"></td></tr>
<tr><td>当前正向有功需量</td><td></td><td colspan="2">—</td><td colspan="2">—</td></tr>
<tr><td rowspan="7">电量计算</td><td>数据名称</td><td colspan="2">本月电量</td><td colspan="2">上一个月电量</td></tr>
<tr><td>正向有功总</td><td colspan="2"></td><td colspan="2"></td></tr>
<tr><td>正向有功尖</td><td colspan="2"></td><td colspan="2"></td></tr>
<tr><td>正向有功峰</td><td colspan="2"></td><td colspan="2"></td></tr>
<tr><td>正向有功平</td><td colspan="2"></td><td colspan="2"></td></tr>
<tr><td>正向有功谷</td><td colspan="2"></td><td colspan="2"></td></tr>
<tr><td>正向无功总</td><td colspan="2"></td><td colspan="2"></td></tr>
<tr><td>电度电费计算</td><td>本月电度电费</td><td colspan="4"></td></tr>
<tr><td rowspan="3">本月基本电费计算</td><td>本月需量电费计算</td><td colspan="4"></td></tr>
<tr><td>本月容量电费计算</td><td colspan="4"></td></tr>
<tr><td>客户选择基本电费计算方式是否合理及原因</td><td colspan="4"></td></tr>
<tr><td rowspan="4">本月功率因数调整电费计算</td><td>用户应执行的电价类别</td><td colspan="4"></td></tr>
<tr><td>用户应执行的功率因数调整电费标准</td><td colspan="4"></td></tr>
<tr><td>本月用户功率因数</td><td colspan="4"></td></tr>
<tr><td>本月应收功率因数调整电费金额</td><td colspan="4"></td></tr>
<tr><td>本月总电费计算</td><td colspan="5"></td></tr>
<tr><td>结论</td><td colspan="5"></td></tr>
</table>

图 4-1　大工业客户三相四线智能电能表抄表检查记录单

“大工业客户电能计量装置的抄读与电费计算”操作评分记录表（技师004）

操作评分记录表

<table>
<tr><td colspan="2">姓名</td><td></td><td>准考证号</td><td></td><td>工作单位</td><td colspan="3"></td></tr>
<tr><td colspan="2">标准用时</td><td>40 min</td><td>累计用时</td><td colspan="5">点　　分　～　　点　　分</td></tr>
<tr><td>序号</td><td>项目</td><td colspan="5">评分标准(满分为100分)</td><td>配分</td><td>得分</td></tr>
<tr><td>1</td><td>工作前准备</td><td colspan="5">1. 穿长袖工装、绝缘鞋，戴安全帽、线手套
(1)未穿戴齐全扣10分</td><td>10</td><td></td></tr>
<tr><td rowspan="6">2</td><td rowspan="6">工作过程</td><td colspan="5">1. 对计量柜(箱)金属部分进行验电
(1)未验电扣5分
(2)验电过程不正确扣5分</td><td>10</td><td></td></tr>
<tr><td colspan="5">2. 核对电能表表号，并对电量、电压、电流、功率因数、需量、告警信息、通信状态等表计显示数据及信息进行抄录和解读
(1)数据、信息抄录及解读不正确每项扣2分
(2)未能通过表计信息解读计量异常问题每项扣5分</td><td>10</td><td></td></tr>
<tr><td colspan="5">3. 通过给定的电流及电压互感器变比值计算倍率，根据电能表抄录的上一月和当前分时电量表底，计算分时电量
(1)倍率计算正确，表底计算不正确扣10分
(2)倍率计算不正确扣10分</td><td>10</td><td></td></tr>
<tr><td colspan="5">4. 根据给定的电价表及计算的电量值计算电度电费
(1)计算不正确扣5分</td><td>5</td><td></td></tr>
<tr><td colspan="5">5. 根据给定的客户材料中的计费方式按容量或需量计算基本电费，并指出该客户选择的基本电费计费方式是否合理，说明原因
(1)需量电费计算不正确扣3分
(2)容量电费计算不正确扣3分
(3)客户选择基本电费计算方式不合理扣4分</td><td>15</td><td></td></tr>
<tr><td colspan="5">6. 根据电能表抄录的上一月和当前的有功总表底、无功总表底、倍率计算平均功率因数(按四舍五入保留两位小数)。考生应熟悉功率因数考核办法，并根据《功率因数调整电费表》，最后计算总电费
(1)电价类别、功率因数执行标准错误每项扣2.5分
(2)本月用户功率因数计算错误扣2.5分
(3)本月用户功率因数调整电费计算错误扣5分
(4)总电表计算错误扣5分</td><td>20</td><td></td></tr>
</table>

续表

姓名			准考证号		工作单位		
标准用时		40 min	累计用时	点　分 ～　点　分			
序号	项目	评分标准(满分为 100 分)				配分	得分
2	工作过程	7. 分析总结 (1)分析总结用户当前功率因数,分析错误扣 5 分 (2)分析电能表表屏信息,分析错误扣 5 分 (3)分析总结电能表外观是否正常,分析错误扣 5 分				15	
3	工作终结	1. 操作结束后,应关好计量柜门,并清理桌面 (1)未关好计量柜门或未清理桌面扣 5 分				5	
总分							
备注							

考评员签字：　　　　　　　　　　考评日期：　　年　　月　　日

“高压供用电合同审查”技能操作任务单（技师 005）

姓名：　　　　　　准考证号：　　　　　　　　得分：

一、任务描述

对给定的高压供用电合同进行审查，指出错误内容，并进行更正。

二、考核方式

实操（技能操作）。

三、标准用时

20 分钟。

四、注意事项

不涉及生产性操作，不需要监护及配置监护人。

“高压供用电合同审查”技能操作准备通知单（技师005）

姓名：　　　　　　　准考证号：　　　　　　　　　　　　得分：

一、场地位置及要求

（1）考场应设在抄核收实训室。

（2）考场要求设置考核人员桌椅。

二、工器具及材料要求

（1）考试用《高压供用电合同》：1～2份。

（2）考试用客户用电信息相关资料：1～3份。

（3）中性笔及草稿纸：若干。

高压供用电合同

供电人：国网冀北电力有限公司张家口供电公司宣化客户分中心

用电人：张家口莱曼钻潜机械有限公司

用户编号：1216145770

签订日期： 2020年9月15日

目 录

为明确供电人和用电人在电力供应与使用中的权利和义务，安全、经济、合理、有序供电和用电，根据《中华人民共和国民法典》、《中华人民共和国电力法》、《电力监管条例》、《电力供应与使用条例》、《供电监管办法》、《供电营业规则》等有关法律、法规、行政规章以及国家和电力行业相关标准，经双方协商一致，订立本合同。

第一章　供用电基本情况

1. 用电地址

用电人用电地址位于：张家口市宣化区长宁路17号。

2. 用电性质

2.1 用电分类：普通工业用电。

2.2 负荷特性：（1）负荷性质为一般负荷，（2）负荷时间特性为非连续性负荷。

2.3 负荷等级：所有设备均为三级负荷。

3. 用电容量

用电人共有一个受电点，用电容量1015千瓦。

3.1 张家口市宣化区长远路受电点有受电变压器2台。其中，原有315千伏安变压器一台，现增容630千伏安变压器一台，共计945千伏安。

4. 供电方式

4.1 供电方式：供电人向用电人提供双电源三相交流50赫兹电源。电源性质（主供）：供电人由宣东变电站，以10千伏电压，经出口515公用线路，向用电人张家口莱曼钻潜机械有限公司受电点供电。

4.2 供电人在不影响用电人正常用电的情况下，有权自行调整供电方式。

4.3 如供电人因电网统一规划、统一命名的需要切改或重新命名供电线路、设备名称（编号）的，以切改或重新命名的供电线路名称、设备名称（编号）为准。

5. 自备应急电源及非电保安措施

用电人应自行采取电或非电保安措施，确保电网意外断电不影响用电安全。

5.1 自备应急电源：无。

5.2 用电人按照行业性质应当采取的非电保安措施：无。

5.3 用电人在履行本合同过程中，需要根据自身对用电可靠性要求的变化，同步提升自备应急电源及强化非电保安措施。

6. 无功补偿及功率因数

6.1 无功补偿装置由用电人自行采购、安装、管理、维护。

6.2 功率因数在电网高峰时段应达值最低为 0.85。

7. 产权分界点及责任划分

7.1 供用电设施产权分界点：220 kV 宣东变电站 515 线#40 左 3 杆为产权分界点（分界点电源侧产权属用电人，分界点负荷侧产权属供电人；分界点以下均由供电人投资建设。见附件 2)。

供用电设施产权分界点以文字和《供电接线及产权分界示意图》（见附件 2）为准，如二者不一致，以本条文字描述为准。

7.2 供用电设施的运行维护管理及责任认定：双方依本合同 7.1 条约定的分界点电源侧产权属供电人，分界点负荷侧产权属用电人。双方各自承担其产权范围内供用电设施的运行维护管理责任，并承担各自产权范围内供用电设施上发生事故等引起的法律责任。

8. 用电计量

8.1 计量点设置及计量方式：计量点为计量装置装设在 环网式箱变高压进线柜内，记录数据作为用电人 普通工业用电（类别）用电量的计量依据，执行 10 kV 一般工商业普通工业非优待（免收公用事业附加）电价。计量方式为高供高计。

8.2 用电计量装置安装位置与产权分界点不一致时，以下损耗（包括有功和无功损耗）由产权所有人负担。

2

（1）变压器损耗：无。

（2）线路损耗：无。

上述损耗的电量按各分类电量占抄见总电量的比例分摊。

8.3 未分别计量的电量认定：无。

计量点计量装置如下：

计量点	计量设备名称	计算倍率	备注（总分表、主副表关系）
3539899	电能表（计费）	12	总表
	电流互感器	CT：60/5	/

8.4 用电人应妥为保护计量装置，不应在表前堆放影响抄表或计量准确及安全的物品。如发生计费电能表丢失、损坏或过负荷烧坏等情况，用电人应及时告知供电人，以便供电人采取措施。如因供电人责任或不可抗力致使计费电能表出现或发生故障的，供电人应负责换表，不收费用；其他原因引起的，用电人应负担赔偿费或修理费。

9. 电量的抄录和计算

9.1 抄表周期为每月，抄表例日为25日。供电人可以单方调整抄表周期和抄表例日，但须通知用电人。

9.2 抄表方式：人工/自动抄录方式。

9.3 结算依据：供用电双方以抄录数据作为电度电费的结算依据。以用电信息采集装置自动抄录的数据作为电度电费结算依据的，当用电信息采集装置发生故障时，以供电人人工抄录数据作为结算依据。

9.4 用电人的无功用电量为正反向无功电量绝对值的总量。

10. 计量失准及异议处理规则

10.1 一方认为用电计量装置失准，有权提出校验请求，对方不得拒绝。校验应由有资质的计量检定机构实施。如供电人已为用电人提供计量装置校验服务超过三次且不属于供电人责任的，则超出部分相关费用由用电人承担。

用电人在申请验表期间，其电费仍应按期交纳，验表结果确认后，再行退、补电费。

3

10.2用电计量装置存在计量记录失准时，可以确定失准时间的，按确定的失准时间退、补相应电量的电费；无法确定失准时间的，按以下约定确定失准时间：

（1）互感器或电能表误差超出允许范围时，退、补时间从上次校验或换装后投入之日起至误差更正之日止的二分之一时间计算。

（2）计量回路连接线的电压降超出允许范围时，补收时间从连接线投入或负荷增加之日起至电压降更正之日止。

(3)计量装置运行故障等其他非人为原因致使计量记录失准时，退、补时间按抄表记录确定。

（4）计费计量装置接线错误（含接线失效的）的，退、补时间从上次校验或换装投入之日起至接线错误更正之日止。

（5）电压互感器保险熔断的，补收时间按抄表记录或按失压自动记录仪记录确定。

10.3用电计量装置存在计量记录失准时，按照以下约定确定退、补电量：

（1）计算电量的计费倍率或铭牌倍率与实际不符的，以实际倍率为基准，按正确与错误倍率的差值退、补电量。

（2）涉及计量计费参数设置错误的，按正确参数与错误参数的误差值退、补电量。

（3）用电人装有对比表或存在独立回路的用电信息采集装置，且故障期间有正常的对比表电量或交采电量的，以对比表电量或交采电量为准确定退、补电量。

（4）无对比表电量或交采电量的，以三相负荷平衡为基础，能计算更正系数的，按更正系数确定退、补电量。

依前四款仍无法确定退、补电量的，依10.4 -10.7确定退、补电量。

10.4用电计量装置存在计量记录失准，依10.3无法确定退、补电量的，按以下约定计算退、补相应电量的电费：

(1) 互感器或电能表误差超出允许范围时，以“0”误差为基准，按验证后的误差值确定退补电量。

(2) 计量回路连接线的电压降超出允许范围时，以允许电压降为基准，按验证后实际值与允许值之差确定补收电量。

(3) 计量装置运行故障等其他非人为原因致使计量记录失准时，以用电人正常月份用电量为基准退、补电量。

(4) 计费计量装置接线错误（含接线失效的）的，以其实际记录的电量为基数，按正确与错误接线的差额率退、补电量。

(5) 电压互感器保险熔断的，按规定计算方法计算值补收相应电量的电费；无法计算的，以用电人正常月份用电量为基准，按正常月与故障月的差额补收相应电量的电费。

10.5“用电人正常月份用电量”参照以下标准确定：

(1) 以用电人上一年度同期电量为“用电人正常月份用电量”，如：用电人 2018 年 3 月- 5 月存在失准现象，其失准期间用电量为 2017 年 3 月-5 月用电量。

(2) 用电人无上一年度同期电量的，若用电人用电时间小于 6 个月的，以用电人实际用电的月份电量的平均值为标准；若用电人用电时间大于 6 个月的，以计量失准前 6 个月用电量的平均值为“用电人正常月份用电量”。

10.6 未安装主、副表或主、副表均出现误差的，按照第 10.2 -10.5 条的约定确定误差的电量电费。主、副电能表所计电量有差值时，按以下原则处理：

(1) 主、副电能表所计电量之差与主表所计电量的相对误差小于电能表准确等级值的 1.5 倍时，以主电能表所计电量作为结算的电量。

(2) 主、副电能表所计电量之差与主表所计电量的相对误差大于电能表准确等级值的 1.5 倍时，对主、副电能表进行现场校验，主电能表不超差，以其所计电量为准；主电能表超差而副电能表不超差，

5

以副电能表所计电量为准；主、副电能表均超差，以主电能表的误差计算退、补电量，并及时更换超差表计。

10.7 用电计量装置存在计量记录失准，按确定的退、补电量和误差期间的电价标准计算退、补电费。退、补电量未正式确定前，用电人先按正常月份用电量交付电费。

10.8 抄表记录、失压和断流自动记录、用电信息采集系统等装置记录的数据作为双方处理有关计量争议的依据。

11. 电价、电费

11.1 电价：供电人根据用电计量装置的记录和政府主管部门批准的电价（包括国家规定的随电价征收的有关费用），与用电人按本合同约定时间和方式结算电费。在合同有效期内，如发生电价和其他收费项目费率调整，按政府有关电价调整文件执行。

11.2 电费包括电度电费和基本电费

（1）电度电费

按用电人各用电类别结算电量乘以对应的电度电价。

（2）基本电费

用电人的基本电费按变压器容量计算，一个季度为一个选择周期。按变压器容量计收基本电费的，基本电费计算容量为 945 千伏安（含不通过变压器供电的高压电动机）。用电人可提前 15 个工作日申请变更下一选择周期基本电价计费方式。

基本电费按月计收，对新装、增容、变更和终止用电当月基本电费按实际用电天数计收（不足 24 小时的按 1 天计算）。每日按全月基本电费的三十分之一计算。

用电人减容、暂停和恢复用电按《供电营业规则》和国家颁布的有关文件规定办理。选择按合同最大需量或实际最大需量计费方式的，申请减容、暂停应以日历月或抄表结算周期为单位。事故停电、检修停电、计划限电不扣减基本电费。

（3）功率因数调整电费

根据国家《功率因数调整电费办法》的规定，功率因数调整电费的考核标准为0.85，相关电费计算按规定执行。

（4）用户自备电厂相关费用

用户自备电厂的系统备用容量费、自发自用电量收费按国家政策规定执行。

12. 电费支付及结算

12.1 双方同意采用以下第（5）种方式：

（1）每月一次性结清全部电费，支付时间为用电当月/日前。支付方式为/。

（2）每月分/次支付，首次支付时间为用电当月（或上月）/日，支付金额按上月电费的/%计算；第二次支付时间为用电当月/日，支付金额按上月电费的/%计算，并于用电当月/日前按照抄表结算电费多退少补结清电费（或 并于用电当月/日前按照抄表结算电费补清差额电费，超出抄表结算电费的金额结转下月）。支付方式为/。

（3）每月分/次支付，首次支付时间为用电当月（或上月）/日，支付金额为/元；第二次支付时间为用电当月/日，支付金额为/元，并于用电当月/日前按照抄表结算电费多退少补结清电费（或 并于用电当月/日前按照抄表结算电费补清差额电费，超出抄表结算电费的金额结转下月）。支付方式为/。

（4）每月分/次抄表结算支付电费，抄表日期分别为每月/日、/日和/日，支付电费以每次抄表结算电费为准，支付时间为用电当月每次抄表日起10日内。支付方式为/。

（5）双方参照《电费结算协议》订立电费结算协议，作为本合同的附件。

供电人与用电人可另行订立购电协议、电费担保协议等，具体确定电费结算事宜，作为本合同的附件。

12.2 若遇电费争议，用电人应先按供电人所抄见的电量、电力

7

计算的电费金额结算，按时足额交付电费，待争议解决后，双方据实退、补。

第二章　双方的义务

第一节　供电人义务

13. 电能质量

13.1 在电力系统处于正常运行状况下，供到用电人受电点的电能质量应符合国家规定标准。

13.2 因下列用电人原因导致供电人未能履行电能质量保证义务的，则对用电人的该部分损失，供电人不承担赔偿责任。

（1）用电人违反本合同无功补偿保证。

（2）因用电人用电设施产生谐波、冲击负荷等影响电能质量或者干扰电力系统安全运行的。

（3）用电人不采取措施或者采取措施不力，功率因数达不到国家标准或产生的谐波、冲击负荷仍超过国家标准的。

（4）用电人其他原因导致供电人未能履行电能保证义务的。

14. 连续供电

14.1 在发电、供电系统正常情况下，供电人连续向用电人供电。但发生如下情形之一的，供电人可中止供电：

（1）供电设施计划或临时检修的。

（2）用电人危害供用电安全，扰乱供用电秩序，拒绝检查的。

（3）用电人逾期未交纳电费和违约金，经供电人催交仍未交付的。

（4）用电人受电装置经检验不合格，在指定期间未改善的。

（5）用电人注入电网的谐波电流超过标准，以及冲击负荷、非对称负荷等对电网电能质量产生干扰和妨碍，严重影响、威胁电网安全，拒不按期采取有效措施进行治理改善的。

（6）用电人拒不在限期内拆除私增用电容量的。

（7）用电人拒不在限期内交付违约用电引起的费用的。

（8）用电人违反安全用电、有序用电有关规定，拒不改正的。

（9）发生不可抗力或紧急避险的。

（10）用电人实施本合同第31条行为的。

（11）用电人装有预购电装置、限流开关、负荷控制装置的，在预购电量使用完毕、用户超容量用电或超负荷用电时自动停电的。

（12）供电人执行政府机关或授权机构做出的停电指令的。

（13）因电力供需紧张等原因需要停电、限电的。

（14）法律、法规和规章规定的其他情形。

15. 中止供电程序

15.1 因故需要中止供电的，按如下程序进行：

（1）供电设施计划检修需要中止供电的，供电人应当提前7日公告停电区域、停电线路、停电时间，并通知重要电力用户等级的用电人。

（2）供电设施临时检修需要中止供电的，供电人应当提前24小时公告停电区域、停电线路、停电时间，并通知重要电力用户等级的用电人。

15.2 发生以下情形之一的，供电人可当即中止供电。

（1）发生不可抗力或紧急避险。

（2）用电人实施本合同第31.6条至31.11条行为的。

15.3 因执行政府机关或授权机构依法做出的停电指令而中止供电的，供电人应按照指令的要求中止供电。

15.4 除15.1条至15.3条约定中止供电情形外，需对用电人中止供电时，按如下程序进行：

（1）停电前三至七天内，将停电通知书送达用电人，对重要用电人的停电，同时将停电通知书报送同级电力管理部门。

（2）停电前30分钟，将停电时间再通知用电人一次。

15.5 引起中止供电或限电的原因消除后，供电人应在三日内恢复供电。不能在三日内恢复供电的，应向用电人说明原因。

16. 越界操作

16.1 供电人不得擅自操作用电人产权范围内的电力设施，但下列情况除外。

（1）可能危及电网和用电安全。

（2）可能造成人身伤亡或重大设备损坏。

（3）供电人依法或依合同约定实施停电。

16.2 供电人实施前款行为时，应遵循合理、善意的原则，并及时告知用电人，最大限度减少损失发生。

17. 禁止行为

17.1 故意使用电计量装置计量错误。

17.2 随电费收取其他不合理费用。

18. 事故抢修

因自然灾害等原因断电的，应按国家有关规定及时对产权所属的供电设施进行抢修。

19. 信息提供

19.1 为用电人交费和查询提供方便。

19.2 免费为用电人提供电能表示数、负荷、电量及电费等信息。

19.3 及时公布电价调整信息。

20. 信息保密

对确因供电需要而掌握的用电人商业秘密，除政府部门或司法机关要求提供的，不得公开或泄露。用电人需要保守的商业秘密范围由其另行书面向供电人提出，双方协商确定。

第二节　用电人义务

21. 交付电费

21.1 用电人应按照本合同约定方式、期限及时交付电费。

21.2 用电人将用电地址内的房屋和场地出租、出借或以其他方式给他人使用的，用电人仍需承担交纳电费、违约金和其他违约责任的义务。

22. 保安措施

用电人保证电或非电保安措施有效，以满足安全需要，防止人身和财产等事故发生。

23. 受电设施合格

用电人保证受电设施及多路电源的联络、闭锁装置始终处于合格、安全状态，并按照国家或电力行业电气运行规程定期进行安全检查和预防性试验，及时消除安全隐患。

24. 受电设施及自备应急电源管理

24.1 用电人电气运行维护人员应持有安全监管部门颁发的“特种作业操作证（电工）”或能源监管部门颁发的“电工进网作业许可证”，且证件在有效期内，方可上岗作业。

24.2 用电人应对受电设施进行维护、管理，并负责保护供电人安装在用电人处的用电计量与用电信息采集等装置安全、完好，如有异常，应及时通知供电人。

24.3 用电人应自备电源作为保安负荷的应急电源，电源容量至少应满足全部保安负荷正常供电的要求。用电人在使用自备应急电源过程中应避免如下情况：

（1）自行变更自备应急电源接线方式。

（2）自行拆除自备应急电源的闭锁装置或使其失效。

（3）自备应急电源发生故障后长期不能修复并影响正常运行。

（4）其他可能发生自备应急电源向电网倒送电的。

25. 保护的整定与配合

用电人受电装置的保护方式应当与供电人电网的保护方式相互配合，并按照电力行业有关标准或规程进行整定和检验，用电人不得擅自变动。

26. 无功补偿保证

用电人按无功电力就地平衡的原则，合理装设和投切无功补偿装置，保证相关数值符合国家相关规定。

27. 电能质量共担

27.1 用电人应采取积极有效的技术措施对影响电能质量的因素实施有效治理，确保将其控制在国家规定电能质量指标限值范围内。如用电人行为影响电网供电质量，威胁电网安全，供电人有权要求用电人限期整改，并在必要时采取有效措施解除对电网安全的上述威胁，用电人应给予充分必要的配合。

27.2 用电人对电能质量的要求高于国家相关标准的，应自行采取必要技术措施。

28. 有关事项的通知

如有以下事项发生，用电人应及时通知供电人。

（1）用电人发生重大用电安全事故及人身触电事故。

（2）电能质量存在异常。

（3）电能计量装置计量异常、失压断流记录装置的记录结果发生改变、用电信息采集装置运行异常。

（4）用电人拟对受电装置进行改造或扩建、用电负荷发生重大变化、重要受电设施检修安排以及受电设施运行异常。

（5）用电人拟作资产抵押、重组、转让、经营方式调整、名称变化、发生重大诉讼、仲裁等，可能对本合同履行产生重大影响的。

（6）行业类别或负荷特性发生改变。

（7）用电人其他可能对本合同履行产生重大影响的情况。

29. 配合事项

29.1 用电人应配合做好需求侧管理，落实国家能源方针政策。

29.2 供电人为保障电网运行安全，有权对用户涉网设备进行用电检查，用电人应提供必要方便，并根据检查需要，向供电人提供相应真实资料。用电检查的内容是：

（1）用户受（送）电装置工程施工质量检验。

（2）用户受（送）电装置中电气设备运行安全状况。

（3）用电计量装置、电力负荷控制装置、继电保护和自动装置、

12

调度通讯等安全运行状况。

（4）供用电合同及有关协议履行的情况。

（5）受电端电能质量状况。

（6）违章用电和窃电行为。

（7）并网电源、自备电源并网安全状况。

29.3 供电人依本合同实施停、限电时，用电人应及时减少、调整或停止用电。

29.4 用电计量装置的安装、移动、更换、校验、拆除、加封、启封由供电人负责，用电人应提供必要的方便和配合。安装在用电人处的用电计量装置由用电人妥善保管，如有异常，供电人有权要求用电人配合对异常进行更正。

30. 越界操作

用电人不得擅自操作供电人产权范围内的电力设施，但遇下列情形除外。

（1）可能危及电网和用电安全。

（2）可能造成人身伤亡或重大设备损坏。

31. 禁止行为

31.1 在电价低的供电线路上，擅自接用电价高的用电设备或私自改变用电类别。

31.2 私自超过合同约定容量用电。

31.3 擅自使用已在供电人处办理暂停手续的电力设备或启用已封存电力设备。

31.4 私自迁移、更动和擅自操作供电人的用电计量装置。

31.5 擅自引入（供出）电源或将自备应急电源和其他电源并网。

31.6 在供电人的供电设施上，擅自接线用电。

31.7 绕越供电人用电计量装置用电。

31.8 伪造或者开启供电人加封的用电计量装置封印用电。

31.9 损坏供电人用电计量装置。

31.10使供电人用电计量装置、用电信息采集装置失准或者失效。

31.11采取其他方法导致不计量或少计量。

32.减少损失

32.1当发生供电质量下降或停电等情形时，用电人应采取合理、可行措施，尽量减少由此导致的损失。

32.2当供电人依本合同约定或法律规定实施停、限电或复电时，用电人应根据供电人通知的停、复电时间预先做好准备，以防止人身或财产损害等事故发生。

第三章　合同变更、转让和终止

33.合同变更

33.1合同履行中发生下列情形，供用电双方应协商修改合同相关条款：

（1）增加或减少受电点、计量点。

（2）电费计算方式变更。

（3）用电人对供电质量提出特别要求。

（4）产权分界点调整。

（5）违约责任的调整。

（6）由于供电能力变化或国家对电力供应与使用管理的政策调整，使订立合同时的依据被修改或取消。

（7）其他需要变更合同的情形。

33.2合同履行中，发生非永久性减容（减容恢复）、暂停（暂停恢复）、暂换（暂换恢复）、移表、暂拆、改类、调整定比定量、调整基本电费收取方式的，双方约定不再重新签订合同，该变更的申请及相关批复作为供用电合同的补充，与本合同具有同等法律效力。

34.合同变更程序

合同如需变更，按以下程序进行：

（1）一方提出合同变更请求，双方协商达成一致。

（2）双方签订《合同事项变更确认书》。

14

35. 合同转让

未经对方同意，任何一方不得将本合同项下权利和义务转让给第三方。

36. 合同终止

36.1 合同有如下情形可以终止：

（1）用电人主体资格丧失或依法宣告破产。

（2）供电人主体资格丧失或依法宣告破产。

（3）合同依法或依协议解除。

（4）合同有效期届满，双方或一方对继续履行合同提出书面异议。

36.2 合同终止，不影响合同既有债权、债务的依法处理。

36.3 合同终止后，供用电双方应相互配合，解除双方设施的物理连接，如用电人不予配合的，在保证安全的前提下，供电人有权操作或更动有关供电设施，单方解除双方设施的物理连接。

36.4 用电人连续六个月不用电，也不申请办理暂停用电手续的，供电人可以对其采取销户措施，终止本合同。

第四章　违约责任

37. 供电人的违约责任

37.1 供电人违反本合同约定，应当按照国家、电力行业标准或本合同约定予以改正，继续履行。

37.2 供电人违反本合同电能质量义务给用电人造成损失的，应赔偿用电人实际损失，最高赔偿限额为用电人在电能质量不合格的时间段内实际用电量和对应时段的平均电价乘积的百分之二十。但因用电人原因导致供电人未能履行电能质量保证义务的，则对用电人的该部分损失，供电人不承担赔偿责任。

37.3 供电人违反本合同约定中止供电给用电人造成损失的，应赔偿用电人实际损失，最高赔偿限额为用电人在中止供电时间内可能用电量电度电费的五倍（单一制四倍）。

前款所称的可能用电量，按照停电前用电人正常用电月份或正常用电一定天数内的每小时平均用电量乘以停电小时求得。

37.4 供电人未履行抢修义务而导致用电人损失扩大的，对扩大损失部分按本条第 37.3 条的原则给予赔偿。

37.5 供电人随电费收取其他不合理费用，造成用电人损失的，应退还用电人有关费用。

37.6 有如下情形之一的，供电人不承担违约责任。

(1)符合本合同第 14 条约定的连续供电的除外情形且供电人履行了必经程序的。

(2) 电力运行事故引起开关跳闸，经自动重合闸装置重合成功的。

(3) 多电源供电只停其中一路，其他电源仍可满足用电人用电需要的。

(4) 用电人未按合同约定安装自备应急电源或采取非电保安措施，或者对自备应急电源和非电保安措施维护管理不当，导致损失扩大部分的。

(5) 因用电人或第三人的过错行为所导致的。

(6) 因用电人原因导致供电人未能履行电能质量保证义务的。

(7) 不可抗力或因台风、强对流等极端天气导致的损害。

(8) 用电人应对其设备的安全负责，供电人不承担因被检查设备不安全引起的任何直接或间接损坏、损害的赔偿责任。

(9) 法律、法规和规章规定的其他免责情形。

38. 用电人的违约责任

38.1 用电人违反本合同约定义务，应当按照国家、电力行业标准或本合同约定予以改正，并继续履行。用电人违约行为危及供电安全时，供电人可要求用电人立即改正，用电人拒不改正时，供电人可采用操作用电人设施等方式直接代替用电人改正，相关费用和损失由用电人承担。

38.2 由于用电人原因造成供电人对外供电停止或减少的，应当按供电人少供电量乘以上月份平均售电单价给予赔偿；其中，少供电量为上月份每小时平均供电量乘以停电小时数。停电时间不足1小时的按1小时计算，超过1小时的按实际停电时间计算。

38.3 因用电人过错给供电人或者其他用户造成财产损失的，用电人应当依法承担赔偿责任。本款责任不因第38.4条责任而免除。

38.4 用电人有以下违约行为的还应按合同约定向供电人支付违约金、违约使用电费。

(1) 用电人违反本合同约定逾期交付电费，居民用户每日按欠费总额的千分之一计算，其他用户当年欠费部分的每日按欠交额的千分之二、跨年度欠费部分的每日按欠交额的千分之三计付，但累计不超过造成损失的百分之三十，交纳电费时应先冲抵到期电费债务，即用户应先交纳电费欠费后再交纳违约金。

(2) 用电人擅自改变用电类别或在电价低的供电线路上，擅自接用电价高的用电设备的，按差额电费的两倍计付违约使用电费，差额电费按实际违约使用日期计算；违约使用起讫日难以确定的，按三个月计算。

(3) 擅自超过本合同约定容量用电的，属于两部制电价的用户，按三倍私增容量基本电费计付违约使用电费；属单一制电价的用户，按擅自使用或启封设备容量每千瓦（千伏安）50元支付违约使用电费。

(4) 擅自使用已经办理暂停使用手续的电力设备，或启用已被封停的电力设备的，属于两部制电价的用户，按基本电费差额的两倍计付违约使用电费；如属单一制电价的，按擅自使用或启封设备容量每次每千瓦（千伏安）30元支付违约使用电费；启用私自增容被封存的设备，还应按38.4条第（3）款支付违约使用电费。

(5) 擅自迁移、更动或操作用电计量装置、电力负荷管理装置、擅自操作供电企业的供电设施以及约定由供电人调度的受电设备的，按每次 2000 元计付违约使用电费。

（6）擅自引入、供出电源或者将自备电源和其他电源私自并网的，按引入、供出或并网电源容量的每千瓦（千伏安）200 元计付违约使用电费。

（7）擅自在供电人供电设施上接线用电、绕越用电计量装置用电、伪造或开启已加封的用电计量装置用电，损坏用电计量装置、使用电计量装置不准或失效的，按补交电费的三倍计付违约使用电费。少计电量时间无法查明时，按 180 天计算。日使用时间按小时计算，其中，电力用户每日按 12 小时计算，照明用户每日按 6 小时计算。

38.5 用电人应对其设备的安全负责，供电人进行用电检查，不承担因被检查设备不安全引起的任何直接或间接损坏、损害的赔偿责任。

38.6 用电人的违约责任因以下原因可免除：

（1）发生不可抗力。

（2）法律、法规及规章规定的免责情形。

38.7 因追究用电人违约责任而产生的费用，包括但不限于律师费、差旅费等费用由用电人承担。

38.8 用电人发生拖欠电费、违约用电、窃电等情形的，供电人可以将用电人列入失信客户名单，提交给金融机构、政府的征信系统作为信用评价的依据。

38.9 因用电人原因导致表计等计量装置断开或中止供电，影响光伏、风力、水电等发电并网的情况，由用电人自行承担一切损失。

第五章　附则

39. 供电时间

用电人受电装置已验收合格，业务相关费用已结清且本合同和有关协议均已签订后，供电人应立即依本合同向用电人供电。

40. 合同效力

40.1 本合同经双方签署并加盖公章或合同专用章后成立。合同有效期为五年，自2020年9月15日起至2025年9月14日止。合同有效期届满，双方均未提出书面异议的，应继续履行合同约定，有效期按本合同有效期限重复续展。

40.2 合同一方提出异议的，应在合同有效期届满的30天前提出，并按以下原则处理：

（1）一方提出异议，经协商，双方达成一致，重新签订供用电合同。在合同有效期届满后，续签的书面合同签订前，本合同继续有效。

（2）一方提出异议，经协商，不能达成一致的，在双方对供用电事宜达成新的书面协议前，本合同继续有效。

41. 调度通讯

41.1 按照双方签订的调度协议执行。

41.2 用电人联系电话为：

（1）用电业务联系人：张XX。电话：XXXXXXXXXXX。

（2）电气联系人：张XX。电话：XXXXXXXXXXX。

（3）财务联系人：李XX。电话：XXXXXXXXXXX。

41.3 供电服务热线95598。

42. 争议解决

42.1 双方发生争议时，应本着诚实信用原则，通过友好协商解决。

42.2 若争议经协商仍无法解决的，按以下第（2）种方式处理。

（1）仲裁：提交 / 仲裁，按照申请仲裁时该仲裁机构有效的仲裁规则进行仲裁。仲裁裁决是终局的，对双方均有约束力。

（2）诉讼：向供用电合同签订所在地人民法院提起诉讼。

42.3 在争议解决期间，合同中未涉及争议部分的条款仍须履行。

43. 通知及同意

43.1 根据本合同规定发出的所有通知及同意，应按照地址、电子邮箱或传真号码送达相关方。有关通知及同意按下述规定予以具体确定：

（1）通过邮寄方式发送的，邮寄到相应地址之日为其有效送达之日。

（2）通过电子邮件形式发送的，由收件人收到之日为其有效送达之日。

（3）通过传真形式发送的，发出并收到发送成功确认函之日为其有效送达之日。

43.2 如果按照上述原则确定的有效送达日在收件人所在地不属于工作日的，则当地收讫日后的第一个工作日为该通知或同意的有效送达日。

43.3 任何一方均应按本合同约定，向另一方发出通知，变更其接收地址、电子邮箱或传真号码。如变更未通知另一方，导致发出的所有通知及同意被退回或拒收的，退回或拒收之日为有效送达之日。

43.4 各方接收所有该等通知及同意的地址、传真号码和电子邮箱地址如下：

供电人地址：宣化区钟楼大街52号。传真：无。电子邮箱：无。

用电人地址：张家口市宣化区长远路。传真：无。电子邮箱：无。

44. 文本和附件

44.1 本合同一式三份，供电人持二份，用电人持一份，具有同等法律效力。

44.2 双方按供用电业务流程所形成的申请、批复等书面资料均作为本合同附件，与合同正文具有相同效力。

44.3 本合同附件包括：

（1）附件1：术语定义。

（2）附件2：供电接线及产权分界示意图。

45. 提示和说明

45.1 用电人为政府机关、医疗、交通、通信、工矿企业，以及其他按照本合同第二条选择“重要负荷”“连续性负荷”的，应当选择配备自备应急电源，并采取有效的非电保安措施，以保证供用电安全。

45.2 供电人和用电人均已阅读并完全理解本合同及其附件的全部条款，自愿履行合同义务。

46. 特别约定

本特别约定是合同各方经协商后对合同其他条款的修改或补充，如有不一致，以特别约定为准。

（以下无正文）

签 署 页

供电人：
（盖章）

用电人：
（盖章）

张家口莱曼钻潜机械有限公司
供用电合同专用章

法定代表人（负责人）或
授权代表（签字）：王主任印

法定代表人（负责人）或
授权代表（签字）：刘明任印

签订日期：二零二零年九月十五日 签订日期：二零二零年九月十五日

地址：宣化区钟楼大街52号 地址：张家口市宣化区长宁路17号

联系人：孙XX 联系人：张XX

电话：XXXXXXXXXXX 电话：XXXXXXXXXXX

传真：XXXXXXXXXXX 传真：XXXXXXXXXXX

开户银行：工行桥东支行 开户银行：张家口市商业银行小东门支行

账号：XXXXXXXXXXX 账号：XXXXXXXXXXX

统一社会信用代码：XXXXXXXXXXX 统一社会信用代码：XXXXXXXXXXX

22

附件 1

术语定义

1. 用电容量：指用电人申请，并经供电人核准，使用电力的最大功率或视在功率。

2. 受电点：用电人受电装置所处的位置。为接受供电网供给的电力，并能对电力进行有效变换、分配和控制的电气设备，如高压用户的一次变电站（所）或变压器台、开关站，低压用户的配电室、配电屏等，都可称为用电人的受电装置。

3. 保安负荷：指重要电力用户用电设备中需要保证连续供电和不发生事故，具有特殊的用电时间、使用场合、目的和允许停电的时间等构成的重要电力负荷。

4. 电能质量：包括指供电电压、频率和波形质量。

5. 计量方式：计量电能的方式，一般分为高压侧计量和低压侧计量以及高压侧加低压侧混合计量等三种方式。

6. 计量点：指用于贸易结算的电能计量装置装设地点。

7. 计量装置：包括电能表、互感器、二次连接线、端子排及计量箱柜。

8. 冷备用：需经供电人许可或启封，经操作后可接入电网的设备，本合同视为冷备用。

9. 热备用：不需经供电人许可，一经操作即可接入电网的设备，本合同视为热备用。

10. 谐波源负荷：指用电人向公共电网注入谐波电流或在公共电网中产生谐波电压的电气设备。

11. 冲击负荷：指用电人用电过程中周期性或非周期性地从电网中取用快速变动功率的负荷。

12. 非对称负荷：因三相负荷不平衡引起电力系统公共连接点正常三相电压不平衡度发生变化的负荷。

13. 自动重合闸装置重合成功：指供电线路事故跳闸时，电网自动重合闸装置在整定时间内自动合闸成功的；当自动重合装置不动作或未安装自动重合装置时，在运行规程规定的时间内一次强送成功的。

14. 倍率：间接式计量电能表所配电流互感器、电压互感器变比及电能表自身倍率的乘积。

15. 线损：线路在传输电能时所发生的有功损耗、无功损耗。

16. 变损：变压器在运行过程中所产生的有功损耗和无功损耗。

17. 无功补偿：为提高功率因数，减少损耗，提高用户侧电压合格率而采取的技术措施。

18. 计划检修：供电人按照年度、月度检修计划实施的设备检修。

19. 临时检修：供电设备障碍、改造等原因引起的非计划、临时性停电或临时性检修。

20. 紧急避险：指电网发生事故或者发电、供电设备发生重大事故，电网频率或电压超出规定范围、输变电设备负载超过规定值、主干线路功率值超出规定的稳定限额以及其他威胁电网安全运行，有可能破坏电网稳定，导致电网瓦解以至大面积停电等运行情况时，供电人采取的避险措施。

21. 不可抗力：指不能预见、不能避免并不能克服的客观情况。包括火山爆发、龙卷风、海啸、暴风雪、泥石流、山体滑坡、水灾、火灾，以及来水达不到设计标准，超设计标准的地震、台风、雷电、雾闪等，还有核辐射、战争、瘟疫、骚乱等。

22. 逾期日：指超过双方约定的交纳电费的截止日的第二天算起（不含截止日）。

23. 受电设施：用电人用于接受供电企业供给的电能而建设的电气装置及相应的建筑物。

24. 国家标准：国家标准管理专门机关按法定程序颁发的标准。

25. 电力行业标准：国务院电力管理部门依法制定颁发的标准。

26. 基本电价：指按用户用电容量（合同最大需量或实际最大需

量）计算电费的电价。

27. 电度电价：指按用户用电量计算电费的电价。

28. 两部制电价：同时执行基本电费和电度电费的电价。

29. 重要电力用户：指有重要负荷的用户。重要负荷的定义参见国家标准《供配电系统设计规范》（GB 20052—2009）。

附件 2

供电接线及产权分界示意图

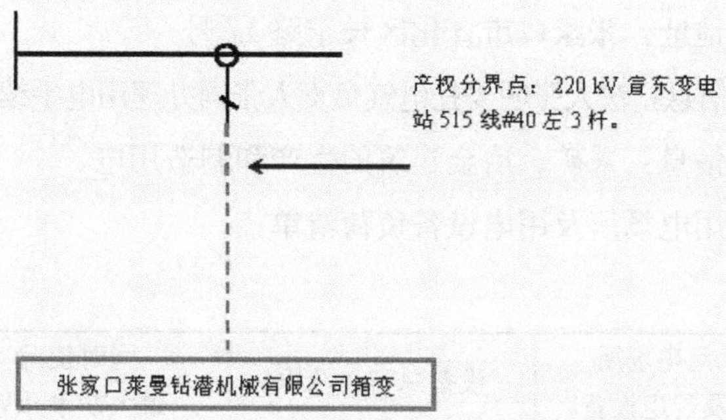

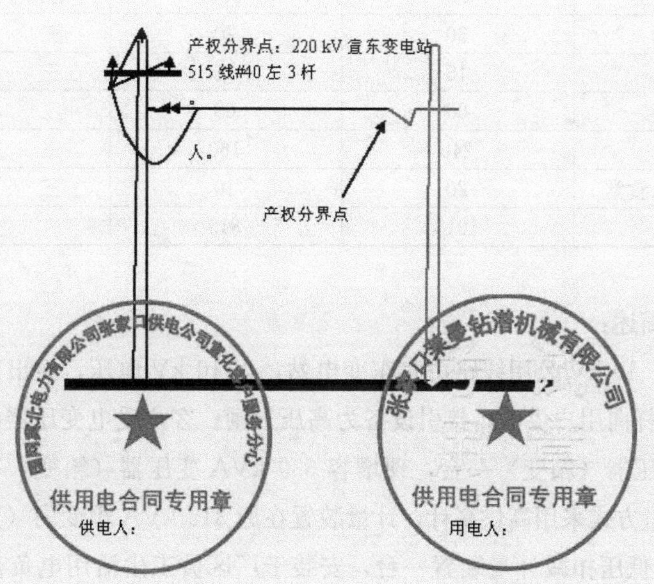

“高压供用电合同审查”客户信息单

客户名称：张家口莱曼钻潜机械有限公司

用电地址：张家口市宣化区长宁路 17 号

办电信息：法人张明委托电气负责人张国办理用电手续（已提供授权委托手续）。

用电信息：采矿、冶金建筑的生产和制造用电。

客户用电场所及用电设备负荷清单：

序号	用电场所 及用电设备	设备总容量/kW	同时使用 最大功率/kW	负荷等级	备注
1	多用炉	400	400	三	
2	清洗机	50	50	三	
3	回火炉	200	100	三	
4	料车、料台	30	20	三	
5	制氮机	15	15	三	
6	环保设备	60	60	三	
7	机床	240	160	三	
8	员工宿舍、食堂	20	10	三	
9	合计	1015	815		

供电方式简述：

主供电源：10 kV 公用线路由宣东变电站，以 10 kV 电压，经出口 515 公用线路＃40 左 3 杆向用户供电，接引设备为高压刀闸。客户受电变压器两台，原有 315 kVA 安变压器（箱变）一台，现增容 630 kVA 变压器（箱变）一台，共计 945 kVA。计量方式采用高供高计，计量装置在原 315 kVA 箱变内（更换后计量 TA 为 60/5），低压扣减计量装置一台，安装于厂区员工生活用电负荷低压出线处。另外客户自行配置 10 kW 小型移动式柴油发电机一台，作为电网停电后的生活照明临时应急用电。

“高压供用电合同审查”
操作评分记录表（技师005）

操作评分记录表

<table>
<tr><td colspan="2">姓名</td><td colspan="3"><table><tr><td></td><td>准考证号</td><td></td><td>工作单位</td><td></td></tr></table></td></tr>
<tr><td colspan="2">标准用时</td><td colspan="3">20 min　累计用时　点　分 ～ 点　分</td></tr>
<tr><td>序号</td><td>项目</td><td>评分标准(满分为100分)</td><td>配分</td><td>得分</td></tr>
<tr><td>1</td><td>工作前准备</td><td>1. 穿工作服
(1)未穿要求的扣5分</td><td>5</td><td></td></tr>
<tr><td rowspan="8">2</td><td rowspan="8">工作过程</td><td>1. 审查合同用电性质，指出合同中用电性质条款缺失或用电性质分类错误，并填写正确用电性质
(1)任意缺失或错误未审查出扣5分</td><td>5</td><td rowspan="8"></td></tr>
<tr><td>2. 审查合同用电容量，依据向考生提供的客户资料审查合同容量，指出合同用电容量错误内容，并更正
(1)未指出错误内容扣10分
(2)错误内容更正不正确扣5分</td><td>10</td></tr>
<tr><td>3. 审查供电电源和自备应急电源，供电电源应与客户资料一致；自备应急电源类型、容量应与保安负荷需求相符
(1)未指出错误内容扣15分
(2)错误内容更正不正确扣5分</td><td>15</td></tr>
<tr><td>4. 审查合同产权分界点描述，指出产权分界点描述错误内容并更正
(1)未指出错误内容扣15分
(2)错误内容更正不正确扣5分</td><td>15</td></tr>
<tr><td>5. 审查合同计量信息，指出错误内容并更正
(1)未指出错误内容扣10分
(2)错误内容更正不正确扣5分</td><td>10</td></tr>
<tr><td>6. 审查计费信息，其中基本电费及电费扣减计算应与客户资料相符
(1)未指出错误内容扣15分
(2)错误内容更正不正确扣5分</td><td>15</td></tr>
<tr><td>7. 审查合同功率因数内容，指出错误内容并更正
(1)未指出错误内容扣10分
(2)错误内容更正不正确扣5分</td><td>10</td></tr>
<tr><td>8. 审查合同签署情况
(1)未指出签署信息错误扣5分
(2)未指出盖章缺失扣5分</td><td>10</td></tr>
<tr><td>3</td><td>工作终结</td><td>1. 清理桌面
(1)清理不彻底扣5分</td><td>5</td><td></td></tr>
<tr><td colspan="2">总分</td><td colspan="3"></td></tr>
<tr><td colspan="2">备注</td><td colspan="3">在规定时间内未完成，每超过5分钟扣5分</td></tr>
</table>

考评员签字：　　　　　　　　　　考评日期：　　年　　月　　日

“高压供用电合同审查”参考答案

1. 合同封面缺少合同编号、签订地址。

2. 用电性质中缺少行业分类（采矿、冶金建筑专用设备制造）。用电分类错误，应为大工业、非居民照明，其中生产负荷为大工业用电，员工宿舍和食堂为非居民照明。

3. 合同容量错误，容量为报装变压器容量，而不是所有设备总容量。供电方式应为单电源而非双电源，同时应采用双重编号描述。自备应急电源未列入合同中。

4. 供电电源及产权分界点描述不准确，产权分界点应具体到电杆上分界设备接引点（本合同可参考：515 东赤一线线＃40 左 3 杆高压刀闸与用户架空线的设备线夹连接处，连接螺栓属供电人。各个供电公司可能对产权分界点描述各有所不同，但均应详细到接引点）。其次未按双重编号描述，第三产权分界点电源侧产权属供电人，分界点负荷侧产权属用电人。

5. 计量装置中缺少电压互感器、缺少对该客户非居民照明定量计量点。计量倍率错误，应为电压电流互感器变比乘积。

6. 电价执行错误，应为大工业电价、非居民照明电价。基本电费计算容量为 945 kVA。

7. 功率因数调整电费的考核标准错误，执行功率因数考核值为 0.9，之前第一章第 6 条用电人功率因数在电网高峰时段应达值最低为 0.95，且缺少无功补偿总容量。

8. 合同盖章错误，用户签署人既不是法人又不是委托人。

9. 合同侧面没有骑缝章、正面没有正副本章。

10. 产权分界示意图中产权分界描述不准确（内容同上面第 4 条）。

“高供低计电能计量装置电能表误差测试”技能操作任务单（技师 006）

姓名：　　　　　　　　准考证号：　　　　　　　　　　　　　　得分：

一、任务描述

在给定的条件下，规范地完成高供低计电能计量装置电能表误差测试。

二、考核方式

实操（技能操作）。

三、标准用时

30 分钟。

四、注意事项

(1) 室内考场应具备良好照明、通风条件。

(2) 应不少于两个工位，每个工位面积不小于 5 m^2。

(3) 工位之间应设有隔离围栏。

(4) 全程带电作业，注意操作者与带电设备保持足够的安全距离。

“高供低计电能计量装置电能表误差测试”技能操作准备通知单（技师 006）

一、场地位置及要求

(1) 考场应设在错接线实训室。

(2) 考场要求设置考核人员桌椅。

二、工器具及材料要求

(1) 高压计量装置综合测试仪（WDX-5DH）：1 套。

(2) 三相四线带 TA 计量装置：1 组。

(3) 模拟负载：1 套。

(4) 数字钳形电流表：1 块。

(5) 绝缘垫（1 m×5 m×5 mm)：1块。

(6) 万用表：1块。

(7) 安全遮栏：2套。

(8) 标识牌“从此进出”：1块。

(9) 警示牌“止步，高压危险”：4块。

(10) 封钳：若干。

(11) 个人工具：1套。

(12)《电能计量装置综合误差测试记录单》：1张。

“高供低计电能计量装置电能表误差测试”技能操作数据记录表（技师006）

姓名： **准考证号：** **得分：**

一、电压、电流值

分相电压、电流测量记录表

项目	电压值	电流值	
		一次电流值	二次电流值
A			
B			
C			

二、误差测试结果

误差测试记录表

误差次数及平均误差	误差测试结果
误差1	
误差2	
误差3	
误差4	
误差5	
平均误差	

“高供低计电能计量装置电能表误差测试”操作评分记录表（技师 006）

操作评分记录表

<table>
<tr><td colspan="2">姓名</td><td></td><td>准考证号</td><td></td><td>工作单位</td><td colspan="2"></td></tr>
<tr><td colspan="2">标准用时</td><td>45 min</td><td>累计用时</td><td colspan="4">点　分～　点　分</td></tr>
<tr><td>序号</td><td>项目</td><td colspan="4">评分标准(满分为 100 分)</td><td>配分</td><td>得分</td></tr>
<tr><td>1</td><td>工作前准备</td><td colspan="4">1. 穿工作服、绝缘鞋，戴安全帽、绝缘手套，站在绝缘垫上，确认操作器具绝缘是否良好
(1)未按要求的扣 5 分</td><td>5</td><td></td></tr>
<tr><td rowspan="3">2</td><td rowspan="3">工作过程</td><td colspan="4">1. 现场安全布置：在计量装置四周设置遮栏，在遮栏四周向外设置“止步，高压危险”警示牌，出入口悬挂“从此进出”标识牌。正确填写第二种工作票
(1)未设遮栏扣 3 分
(2)未挂标识牌及警示牌扣 2 分
(3)口述第二种工作票，错一处扣 2 分</td><td>10</td><td rowspan="3"></td></tr>
<tr><td colspan="4">2. 封印检查：检查计量箱、电能表大盖、电能表小盖封印是否完好，无封印或封印存在问题应记录，并用取证工具取证。使用验电笔进行验电
(1)漏检查每处扣 2 分
(2)未记录和取证扣 5 分
(3)漏记录和取证每处扣 2 分
(4)未正确验电扣 5 分
(5)未正确使用钢丝绳剪拆除封印扣 5 分</td><td>5</td></tr>
<tr><td colspan="4">3. 分相电压、电流测量：用万用表和数字钳形电流表分别测量 A、B、C 相电压和一、二次负荷电流并记录
(1)档位选择错误每次扣 5 分
(2)钳口闭合不严每次扣 2 分
(3)测量时选错测量点或带电换档每次扣 5 分
(4)测试数据未记录或记录不全每项扣 2 分
(5)未正确拆除封印扣 5 分</td><td>10</td></tr>
</table>

续表

<table>
<tr><td colspan="2">姓名</td><td></td><td>准考证号</td><td></td><td>工作单位</td><td colspan="2"></td></tr>
<tr><td colspan="2">标准用时</td><td>45 min</td><td>累计用时</td><td colspan="4">点　　分 ～　　点　　分</td></tr>
<tr><td>序号</td><td>项目</td><td colspan="4">评分标准(满分为100分)</td><td>配分</td><td>得分</td></tr>
<tr><td rowspan="5">2</td><td rowspan="5">工作过程</td><td colspan="4">4. 接线:将高压无线钳表安装在一次电流进线处。Ua、Ub、Uc端子分别接A、B、C三相电压,Uo接零线。A相钳表卡住电能表A相电流出线处,B相钳表卡住电能表B相电流出线处,C相钳表卡住电能表C相电流出线处,注意极性。根据拟选方式,把相应的脉冲插头(光电采样器、电子表脉冲输出线和手动控制计数器)插到被校表脉冲输入插座
(1)接线错误扣10分
(2)电流钳未先与测试仪进行连接每次扣10分
(3)电流钳钳入一次导线时极性相反每次扣5分
(4)电流钳钳口闭合不严每次扣5分</td><td>30</td><td></td></tr>
<tr><td colspan="4">5. 测量参数设置:打开电流互感器现场测试仪电源开关,在主界面选择“参数设置”,按照“接线方式:三相四线有功。电表等级:1.0。校验方式:自动。电压量程:自动。电流量程:根据测量的电流值选择相应的量程。电表常数:被校电能表电能常数。表号:被校电能表条形码号。校验圈数:5。变比:1。分频数:1”设置测量参数
(1)功能选择错误扣5分
(2)参数设置错误每项扣2分</td><td>15</td><td></td></tr>
<tr><td colspan="4">6. 测试数据记录:在主界面按“误差测试”键,可以进入电能表误差测试界面。将仪器屏幕上方显示5次误差值以及平均误差值记录到技能操作数据表上
(1)测试漏项每项扣2分
(2)未记录测试结果扣5分</td><td>5</td><td></td></tr>
<tr><td colspan="4">7. 拆除测试线:先取下电流钳,然后断开电流钳与测试仪的连接导线
(1)电压线与零线的断开顺序错误扣5分
(2)电流线断开顺序错误扣5分</td><td>5</td><td></td></tr>
<tr><td colspan="4">8. 重新上封:重新上封并记录封编号
(1)未重新上封扣3分
(2)漏上一颗封扣1分
(3)未记录封印编号扣2分</td><td>5</td><td></td></tr>
<tr><td rowspan="2">3</td><td rowspan="2">工作终结</td><td colspan="4">1. 应不发生安全或设备损坏事故;
(1)作业过程中发生安全或设备损坏事故本项考核不及格</td><td>5</td><td rowspan="2"></td></tr>
<tr><td colspan="4">2. 测试完毕后清理现场
(1)未清理场地扣5分
(2)清理不充分扣2分</td><td>5</td></tr>
<tr><td colspan="2">总分</td><td colspan="6"></td></tr>
<tr><td colspan="2">备注</td><td colspan="6">在规定时间内未完成,每超过5分钟扣5分</td></tr>
</table>

考评员签字:　　　　　　　　　　　　　考评日期:　　年　　月　　日

“高压电流互感器变比检查”技能操作任务单（技师 007）

姓名： **准考证号：** **得分：**

一、任务描述

在给定的条件下，规范地完成高压电流互感器变比检查。

二、考核方式

实操（技能操作）。

三、标准用时

30 分钟。

四、注意事项

（1）室内考场应具备良好照明、通风条件。

（2）应不少于两个工位，每个工位面积应不小于 5 m^2。

（3）工位之间应设有隔离围栏。

（4）全程带电作业，注意操作者与带电设备保持足够的安全距离。

“高压电流互感器变比检查”技能操作准备通知单（技师 007）

一、场地位置及要求

（1）考场应设在反窃电实训室。

（2）考场要求设置考核人员桌椅。

二、工器具及材料要求

（1）高压计量装置综合测试仪（WDX-5CD）：1 套。

（2）三相四线带 TA 计量装置：1 组。

（3）模拟负载：1 套。

（4）数字钳形电流表：1 块。

(5) 绝缘垫（1 m×5 m×5 mm）：1 块。

(6) 万用表：1 块。

(7) 安全遮栏：2 套。

(8) 标识牌“从此进出”：1 块。

(9) 警示牌“止步，高压危险”：4 块。

(10) 封钳：若干。

(11) 个人工具：1 套。

(12)《电能计量装置综合误差测试记录单》：1 张。

“高压电流互感器变比检查”技能操作数据记录表（技师 007）

姓名： **准考证号：** **得分：**

一、电流值

分相电流测量记录表

项目	一次电流值	二次电流值
A		
B		
C		

二、变比测试结果

电流互感器变比测试记录表

项目	变比测试结果
A	
B	
C	

“高压电流互感器变比检查”操作评分记录表（技师 007）

操作评分记录表

姓名		准考证号		工作单位		
标准用时	45 min	累计用时	点　分 ～ 点　分			

序号	项目	评分标准(满分为 100 分)	配分	得分
1	工作前准备	1. 穿工作服、绝缘鞋，戴安全帽、绝缘手套，站在绝缘垫上，确认操作工器具绝缘是否良好 (1)未按要求的扣 5 分	5	
2	工作过程	1. 现场安全布置：在计量装置四周设置遮栏，在遮栏四周向外设置“止步，高压危险”警示牌，出入口悬挂“从此进出”标识牌。正确填写第二种工作票 (1)未设遮栏扣 2 分 (2)未挂标识牌扣 2 分 (3)警示牌漏挂每次扣 1 分 (4)未正确填写第二种工作票扣 5 分 (5)工作票填写不规范扣 2 分	10	
		2. 封印检查：检查计量箱、电能表大盖、电能表小盖封印是否完好，无封印或封印存在问题应记录，并用取证工具取证。使用验电笔进行验电 (1)漏检查每处扣 2 分 (2)未记录和取证扣 5 分 (3)漏记录和取证每处扣 2 分 (4)未正确验电扣 5 分 (5)未正确使用钢丝绳剪拆除封印扣 5 分	5	
		3. 分相电压、电流测量：用万用表和数字钳形电流表分别测量 A、B、C 相电压和一、二次负荷电流并记录 (1)测量时取错测量点或带电换档每次扣 5 分 (2)钳口闭合不严每次扣 2 分 (3)档位选择错误每次扣 5 分 (4)测试数据未记录或记录不全每项扣 2 分 (5)未正确拆除封印扣 5 分	10	

续表

<table>
<tr><td colspan="2">姓名</td><td></td><td>准考证号</td><td></td><td>工作单位</td><td colspan="3"></td></tr>
<tr><td colspan="2">标准用时</td><td>45 min</td><td>累计用时</td><td colspan="5">点 分 ～ 点 分</td></tr>
<tr><td>序号</td><td>项目</td><td colspan="5">评分标准(满分为 100 分)</td><td>配分</td><td>得分</td></tr>
<tr><td rowspan="5">2</td><td rowspan="5">工作过程</td><td colspan="5">4. 接线:将高压无线钳表安装在一次电流进线处。Ua、Ub、Uc 端子分别接 A、B、C 三相电压,Uo 接零线。A 相钳表卡住电能表 A 相电流出线处,B 相钳表卡住电能表 B 相电流出线处,C 相钳表卡住电能表 C 相电流出线处,注意极性。根据拟选方式,把相应的脉冲插头(光电采样器、电子表脉冲输出线和手动控制计数器)插到被校表脉冲输入插座
(1)接线错误扣 10 分
(2)电流钳未先与测试仪进行连接每次扣 10 分
(3)电流钳钳入一次导线时极性相反每次扣 5 分
(4)电流钳钳口闭合不严每次扣 5 分</td><td>30</td><td></td></tr>
<tr><td colspan="5">5. 测量参数设置:打开电流互感器现场测试仪电源开关,在主界面选择“综合测量”,按照“接线:四线有功。输入:钳表。校表:自动。电流:根据测量的电流值选择相应的量程。常数:被校电能表电能常数。表号:被校电能表条形码号。圈数:校验圈数。户名:用户名称。TA:电流互感器变比”设置测量参数
(1)功能选择错误扣 5 分
(2)参数设置错误每项扣 2 分</td><td>15</td><td></td></tr>
<tr><td colspan="5">6. 测试数据记录:按“误差校验”键,可校验计量装置综合误差。将仪器屏幕右上方显示的 A、B、C 三相变比误差记录到技能操作数据表上
(1)测试漏项每项扣 2 分
(2)未记录测试结果扣 5 分</td><td>5</td><td></td></tr>
<tr><td colspan="5">7. 拆除测试线:先取下电流钳,然后断开电流钳与测试仪的连接导线
(1)电压线与零线的断开顺序错误扣 5 分
(2)电流线断开顺序错误扣 5 分</td><td>5</td><td></td></tr>
<tr><td colspan="5">8. 重新上封:重新上封并记录封印编号
(1)未重新上封扣 3 分
(2)漏上一颗封扣 1 分
(3)未记录封印编号扣 2 分</td><td>5</td><td></td></tr>
<tr><td rowspan="2">3</td><td rowspan="2">工作终结</td><td colspan="5">1. 应不发生安全或设备损坏事故
(1)作业过程中发生安全或设备损坏事故本项考核不及格</td><td>5</td><td></td></tr>
<tr><td colspan="5">2. 测试完毕后清理现场
(1)未清理场地扣 5 分
(2)清理不充分扣 2 分</td><td>5</td><td></td></tr>
<tr><td colspan="2">总分</td><td colspan="7"></td></tr>
<tr><td colspan="2">备注</td><td colspan="7">在规定时间内未完成,每超过 5 分钟扣 5 分</td></tr>
</table>

考评员签字: 考评日期: 年 月 日

“高压三相三线电能计量装置复杂错误接线检查”技能操作任务单（技师008）

姓名： **准考证号：** **得分：**

一、任务描述

现场通过相位伏安表、钳型万用表、相序表检查三相三线电能表接线。错接线设置范围为三相三线48种基本接线，内容为电流互感二次极性反、电流表尾二次接错相、电压表尾二次接错相。根据测量结果填写记录单，在记录单上画出向量图，并写出接线形式、有功功率表达式，计算有功更正系数并化简。

二、考核方式

实操（技能操作）。

三、标准用时

30分钟。

四、注意事项

（1）应装设围栏（遮栏），悬挂“在此工作”标识牌。

（2）注意操作者与带电设备保持足够的安全距离。

“高压三相三线电能计量装置复杂错误接线检查”技能操作准备通知单（技师008）

一、场地位置及要求

（1）考场应设在错接线分析实训室内三相三线电能计量培训装置处。

（2）考场要求设置考核人员桌椅。

二、工器具及材料要求

（1）验电笔（0.4 kV）：1支。

（2）常用工具（剥线钳、螺丝刀、偏口钳）：1套。

（3）相序表：1块。

（4）相位伏安表：1 块。

（5）钳形万用表：1 块。

（6）纸、笔：若干。

（7）安装封（纽扣封和穿线封）：若干。

三、其他要求

（1）错接线设置范围：三相三线 48 种基本接线。内容为电流互感二次极性反、电流表尾二次接错相、电压表尾二次接错相。

（2）相位角：感性，10～30 度。

（3）电流：1 A～1.5 A。

（4）电能表采用 13 版智能表。

“高压三相三线电能计量装置复杂错误接线检查”技能操作数据记录表（技师 008）

姓名：　　　　　　**准考证号：**　　　　　　　　　　**得分：**

<table>
<tr><td colspan="6">一、电能表基本信息</td></tr>
<tr><td>型号</td><td></td><td>电能表常数</td><td></td><td>条码号</td><td></td></tr>
<tr><td>规格</td><td colspan="2"></td><td>制造厂家</td><td colspan="2"></td></tr>
<tr><td>外观检查</td><td colspan="5"></td></tr>
<tr><td>功能检查</td><td colspan="5"></td></tr>
<tr><td colspan="6">二、数据测试及相序判断</td></tr>
<tr><td>电压</td><td colspan="2">$U_{12}=$</td><td colspan="2">$U_{32}=$</td><td>$U_{13}=$</td></tr>
<tr><td>电流</td><td colspan="2">$I_1=$</td><td colspan="2">$I_3=$</td><td rowspan="2">电压相序：</td></tr>
<tr><td>相位</td><td colspan="2">$\widehat{\dot{U}_{12}\dot{I}_1}=$</td><td colspan="2">$\widehat{\dot{U}_{32}\dot{I}_3}=$</td></tr>
<tr><td colspan="3">三、错接线相量图（有功）</td><td colspan="3">四、错误接线形式
第一元件：
第二元件：</td></tr>
<tr><td colspan="6">五、写出错接线时功率表达式（假定三相对称）
$P_1=$　　　　$P_2=$
$P=P_1+P_2=$</td></tr>
<tr><td colspan="6">六、写出更正系数 K 的表达式，并化为最简式
Kp=</td></tr>
</table>

图 4-2　三相三线电能计量装置错误接线检查记录单

“高压三相三线电能计量装置复杂错误接线检查”操作评分记录表（技师008）

操作评分记录表

<table>
<tr><td colspan="2">姓名</td><td></td><td>准考证号</td><td></td><td>工作单位</td><td colspan="2"></td></tr>
<tr><td colspan="2">标准用时</td><td>30 min</td><td>累计用时</td><td colspan="4">点　　分　～　　点　　分</td></tr>
<tr><td>序号</td><td>项目</td><td colspan="4">评分标准(满分为100分)</td><td>配分</td><td>得分</td></tr>
<tr><td rowspan="2">1</td><td rowspan="2">工作前准备</td><td colspan="4">1. 所用工器具及材料应准备齐全,应正确使用各种工器具,不发生掉落及损坏现象
(1)工器具准备不充分,中途借用工器具或材料,每次扣1分
(2)使用未经专用绝缘处理的工器具扣1分
(3)工器具使用不正确,发生掉落及损坏现象每次扣1分</td><td>5</td><td rowspan="2"></td></tr>
<tr><td colspan="4">2. 应佩戴安全帽、线手套,穿长袖工作服及绝缘鞋;应办理第二种配电工作票;应采用三步验电法对配电盘验电
(1)工作服、绝缘鞋、安全帽、线手套未穿戴或穿戴不正确扣2分
(2)未提出需办理第二种配电工作票扣2分
(3)未验电或验电不规范扣2分</td><td>5</td></tr>
<tr><td rowspan="6">2</td><td rowspan="6">工作过程</td><td colspan="4">1. 正确使用仪器仪表、正确选择并使用经过绝缘处理的工器具
(1)档位使用错误、带电切换档位等每次扣3分
(2)出现仪表掉落每次扣2分</td><td>5</td><td rowspan="6"></td></tr>
<tr><td colspan="4">2. 检查电能表、联合接线盒外观是否完好,封印是否缺失,检验合格证是否缺失
(1)未检查每处扣2分</td><td>5</td></tr>
<tr><td colspan="4">3. 详细记录电能表的基本信息:型号、规格、常数、条码号、厂家
(1)填写错误每处扣2分</td><td>10</td></tr>
<tr><td colspan="4">4. 检查内部时钟是否正确,检查各费率电量之和与总电量相差是否小于等于0.03 kW·h,检查是否有反向电量、失压记录或其他问题
(1)未检查或检查错误,每处扣1分</td><td>4</td></tr>
<tr><td colspan="4">5. 测量电压、电流、相序、相位角
(1)少测或测错每处扣1分</td><td>8</td></tr>
<tr><td colspan="4">6. 根据测量的数据画出相量图
(1)有一个相量画错、画得不准(如相位超过10°)扣5分
(2)线电压向量长度等于或小于相电压扣2分
(3)符号不全或不符合规程要求每处扣1分
(4)同一元件电压和电流之间的相位角每少标注一个扣2分</td><td>10</td></tr>
</table>

续表

<table>
<tr><td colspan="2">姓名</td><td></td><td>准考证号</td><td></td><td>工作单位</td><td></td></tr>
<tr><td colspan="2">标准用时</td><td>30 min</td><td>累计用时</td><td colspan="3">点　　分 ～　　点　　分</td></tr>
<tr><td>序号</td><td>项目</td><td colspan="3">评分标准(满分为 100 分)</td><td>配分</td><td>得分</td></tr>
<tr><td rowspan="7">2</td><td rowspan="7">工作过程</td><td colspan="3">7. 判断第一元件错接线形式
(1)未判断出或判错扣 5 分
(2)没有向量标志每处扣 1 分</td><td>5</td><td rowspan="7"></td></tr>
<tr><td colspan="3">8. 判断第二元件错接线形式
(1)未判断出或判错扣 5 分
(2)没有向量标志每处扣 1 分</td><td>5</td></tr>
<tr><td colspan="3">9. 推出第一元件功率表达式
(1)未写出或写错扣 6 分</td><td>6</td></tr>
<tr><td colspan="3">10. 推出第二元件功率表达式
(1)未写出或写错扣 6 分</td><td>6</td></tr>
<tr><td colspan="3">11. 推出合元功率表达式,并化简
(1)未写出或写错扣 6 分</td><td>6</td></tr>
<tr><td colspan="3">12. 写出更正系数表达式,并化为最简式,化简步骤少于三步
(1)更正系数错误扣 10 分
(2)未化为正确的最简式扣 5 分
(3)化简步骤少于三步扣 2 分</td><td>10</td></tr>
<tr><td colspan="3">13. 加装封印
(1)每缺少一个封印扣 1 分</td><td>5</td></tr>
<tr><td>3</td><td>工作终结</td><td colspan="3">1. 清理现场
(1)未清理现场扣 5 分
(2)清理不彻底扣 3 分</td><td>5</td><td></td></tr>
<tr><td colspan="2">总分</td><td colspan="5"></td></tr>
<tr><td colspan="2">备注</td><td colspan="5">在规定时间内未完成,每超过 5 分钟扣 5 分</td></tr>
</table>

考评员签字：　　　　　　　　考评日期：　　年　　月　　日

"审查 10 kV 双电源单母线客户受电工程电气图纸"技能口述、笔试试题卡（技师 009）

姓名： **准考证号：** **得分：**

任务描述

审查 10 kV 双电源单母线客户受电工程电气图纸，列出的方案要包含以下几点。

（1）审查电气图纸设计图章。

（2）审查一次主接线图。

（3）审查主设备。

（4）审查继电保护及自备应急电源配置。

"审查 10 kV 双电源单母线客户受电工程电气图纸"技能口述、笔试评分标准（技师 009）

姓名： **准考证号：** **得分：**

参考答案及评分要点

1. 审查电气图纸设计图章（10 分）

（1）审查图纸是否每张均盖有设计图章（2 分）。

（2）审查设计图章是否超期、资质范围是否符合要求（6 分）。

（3）审查每张图纸设计、制图、校核、审查人员签字是否齐全（2 分）。

2. 审查一次主接线图（35 分）

审查电气主接线形式与供电方案要求是否相符（5 分）。当电气主接线为 10 kV 线路—变压器组时，通常电气设备从进线到出线排列方式为：隔离开关（刀闸）、跌落式熔断器（高压）、高压柱上开关及计量箱、避雷器、变压器、柱上低压配电柜（箱）（10 分，考生应能够描述出 10 kV 线路—变压器组主接线图及主要设备排布，错漏项每项扣 2 分）。电气主接线为 10 kV 双电源单母线分段高压配电柜布置方式时，高压部分从两侧进线向中间出线排列方式为进线隔离柜、进线断路器柜、计量柜（计量柜根据防窃电要求，位置可能有所不同）、电压互感器柜、出线断路器柜、联络断路器柜（要有瞬时自投装置）；低压部分从两侧向中间排列方式为进线总柜、PT柜、出线断路器柜（20分）。

3. 审查主设备（25分）

（1）审查变、配电设施“五防”（3分，要求考生说出需要采用机械或电气闭锁的位置，母联断路器与总进线断路器的连锁与配合是否满足有关规定）。（2）审查双电源的连锁装置是否合理，是否能确保客户和电网双重安全（3分）。（3）审查母线及电缆，应根据工作电流、经济电流密度、动热稳定等技术条件，结合环境温度、日照、路径等进行校验（3分）。（4）审查隔离开关、负荷开关、断路器、接地刀闸（5分，要求考生说出以上设备特性和用途）。（5）审查变压器容量时应综合考虑客户申请容量、用电设备总容量，结合生产特性并兼顾同时率，一般计算负荷宜等于变压器额定容量的70%～75%。应采用节能型变压器，不得采用国家淘汰型号。变压器的台数应根据负荷特点和经济运行进行设计，当存在大量一级、二级负荷，或季节负荷变化较大，集中负荷较大情况之一的，宜装设两台及以上变压器（5分）。（6）审查避雷器型号及装设位置（3分，10 kV客户受电装置一般在进线侧和母线上装设避雷器，普遍使用氧化锌避雷器，在真空断路器的负荷侧装设过电压保护器。考生应说出型号和含义）。（7）审查无功补偿方式及容量，当无功不具备计算条件时，10 kV客户变电所无功补偿总容量可按照变压器容量的20%～30%确定（3分）。

4. 审查继电保护及自备应急电源配置（30分）

继电保护配置（10分）：变压器容量在400 kVA以下，可采用高压熔断器保护。变压器容量在400 kVA及以上，800 kVA以下，可采用负荷开关—熔断器组合电器保护（若变压器高压侧采用断路器保护，应装设带时限的过电流保护；若高压侧采用断路器且过电流保护时限大于0.5 s时，应装设电流速断保护。若变压器为400 kVA的油浸式，应另外装设互斯保护）。变压器容量在800 kVA及以上，应采用断路器并装设电流保护。过电流保护时限大于0.5 s时，应装设电流速断保护；当电流速段保护不能满足灵敏性要求时，应装设纵联差动保护。若变压器为油浸式，应另外装设瓦斯保护。若出现过负荷情况，根据过负荷可能性装设过负荷保护。

自备电源投入装置配置（10 分）：在 10 kV 侧进线断路器处，不宜设置自动投入装置；在 0.4 kV 侧，采用具有故障保护闭锁的“自动不自复”“手动手复”的切换方式，不宜采用“自动自复”的切换方式。一级负荷客户，宜在变压器低压侧的分段开关处，装设自动投入装置。其他负荷客户，不宜装设自动投入装置。

重要电力用户的自备应急电源配置应符合以下要求（10 分）。

（1）自备应急电源配置容量标准应达到保安负荷的 120%。

（2）自备应急电源启动时间应满足安全要求。

（3）自备应急电源与电网电源之间应装设可靠的电气或机械闭锁装置，防止倒送电。

（4）临时性重要电力用户可以通过租用应急发电车（机）等方式，配置自备应急电源。

考评员签字：　　　　　　　　　　　　考评日期：　　年　　月　　日

“拟定 10 kV 单电源客户验收及送电方案”技能口述、笔试试题卡（技师 010）

姓名：　　　　　　**准考证号：**　　　　　　**得分：**

任务描述

拟定出 10 kV 新装用户的验收及送电方案，列出的方案要包含以下两个要点。

（1）10 kV 受电工程送电前竣工验收内容。

（2）10 kV 受电工程送电方案内容。

"拟定 10 kV 单电源客户验收及送电方案"技能口述、笔试评分标准（技师 010）

姓名：　　　　　　　　准考证号：　　　　　　　　　　　　得分：

参考答案及评分要点

1. 10 kV 受电工程送电前竣工验收内容（60 分）

（1）检查受电工程施工单位资质。

（2）检查受电工程是否按照批复供电方案建设，工程施工是否符合原审定的设计要求。

（3）检查一次设备接线，审核安装容量与供电企业批准容量是否一致。

（4）检查受电工程电气设备的安装施工工艺、工程选用材料是否符合有关规范要求。

（5）检查受电工程的隐蔽部分是否有施工记录和图纸（隐蔽标识）。

（6）检查影响电能质量的用电设备是否采取限制措施。

（7）检查无功补偿装置是否安装完毕，并具备投运条件。

（8）检查电能计量装置安装配置是否正确、合理、可靠，防窃电功能是否完备。

（9）检查各项安全防护措施（硬、软防护遮栏及警示标志）是否到位。

（10）检查电气设备试验是否合格，试验单位是否具备相应资质。

（11）检查继电保护装置试验是否合格，保护定值是否按要求进行调整。

（12）检查电气系统接地是否符合规范要求。

（13）检查双（多）电源的防误闭锁装置是否可靠齐全，并符合安全规程要求。

（14）检查各种操作机构的运行情况是否安全可靠，电气设备外观是否清洁，充油设备是否漏渗，所有设备编号是否正确、醒目。

（15）检查客户配电室模拟图板的接线、设备编号等是否规范，是否与实际相符。

（16）检查客户配电室是否配备齐全合格的安全工具、测量仪表、消防器材；安全工具是否经过试验。

（17）检查配电室是否配置倒闸操作、运行、检修记录及相关管理制度。

（18）检查配电室内是否备有一套全站设备技术资料和调试报告。

（19）检查进网作业电工是否取得电工进网作业资格。

（20）检查是否建立调度通信联系机制，调度通信联络是否畅通。

2. 10 kV受电工程送电方案内容（40分）

（1）明确预定启动投运的时间。

（2）明确启动投运应具备的条件。

（3）明确客户概况及一次主接线图。

（4）编制启动送电操作步骤及操作注意事项。

（5）编制向调度（送电发令人）汇报的受电变电站一、二次设备的巡视检查内容。

（6）明确送电前供电设施需要进行的巡视检查、缺陷处理、电气试验的期限及责任人。

（7）明确电网需要进行的操作。

（8）明确受电变电站内的送电范围及相应操作票（包括检查相序、核对多电源相位）。

（9）编制送电过程中可能发生的异常、缺陷及故障处理方案。

（10）明确参加启动的人员、客户负责人（与供电企业调度部门联系送电）、受电变电站操作人、监护人。

考评员签字：　　　　　　　　　　　　考评日期：　　年　　月　　日

五、用电监察员
高级技师

“受电新装用电项目设计图纸审核”技能口述、笔试试题卡（高级技师 001）

姓名： **准考证号：** **得分：**

任务描述

主要考察受电新装用电项目设计图纸审核是否熟练，掌握各项审核要点，请从以下几个方面进行回答。

（1）设计文件审核。

（2）供配电设计审核。

（3）用电安全审核。

（4）防雷设计审核。

（5）防火设计审核。

“受电新装用电项目设计图纸审核”技能口述、笔试评分标准（高级技师 001）

姓名： **准考证号：** **得分：**

参考答案及评分要点

1. 设计文件审核（20 分）

（1）对设计施工图质量进行有效的控制，确保工程设计在满足国家规范、规定的前提下，做到安全、经济的目的，且具有较强的可操作性。

（2）审核设计依据是否充分，是否有“初步设计”审查会议纪要、“初步设计”批文，审核建设单位对本专业施工图设计的要求及主管部门批文。

（3）审核施工图设计深度是否满足施工要求。

（4）审核设计人和校审人签字、图纸报审专用章是否符合相关规定。

2. 供配电设计审核（12 分）

（1）审核建筑工程的用电负荷等级、供电电压要求、继电保护措施、计费方式、供电电源的可靠性。

(2) 审核继电保护定值准确性、电源引入方式、高低压配电系统工程、中性点接地方式、无功功率补偿方式。

(3) 审核变配电所在厂区的位置、内部设备布置及电气设备选择。

(4) 审核自备发电机组的设置、设备选择、供电方式、运行要求。

3. 用电安全审核（32分）

(1) 审核设计方案是否满足周边地质环境要求。

(2) 审核配电线路是否满足建筑分区的要求。

(3) 审核配电线路与保护电器的配合。

(4) 审核客户用电设备的操作是否满足配电室保护控制系统工作要求。

(5) 审核接地装置是否满足配电线路的系统形式要求。

(6) 审核同级电压线路相互交叉或与低电压线路交叉最小垂直距离、电缆线路与其他管道安全距离是否满足要求。

(7) 审核用电设备的安全接地措施，包括接地形式、等电位联结方式。

(8) 审核过电压保护措施。

4. 防雷设计审核（12分）

(1) 审核建筑物的防雷等级、防雷措施，以及防雷设备的选择。

(2) 审核防雷引下线的设置是否满足国家有关规定。

(3) 审核接地装置的选择是否符合要求，防跨步电压和接触电压的措施是否符合要求。

5. 防火设计审核（24分）

(1) 审核建筑物的防火分类及消防措施。

(2) 审核火灾自动报警系统及消防联动系统的设置和选择。

(3) 审核火灾自动报警及消防设备的供电方式，末端双电源切换措施，应急照明、疏散照明的设置和电源配电方式。

(4) 审核建筑物、构筑物航空故障灯的设置要求。

(5) 审核消防电气线路和非消防电气线路的防火措施。

(6) 审核消防系统通信设施的位置。

考评员签字：　　　　　　　　　　　　　　考评日期：　　年　　月　　日

"编制 10 kV 用电客户、重大活动（客户侧）电力保障方案"技能口述、笔试试题卡（高级技师 002）

姓名： **准考证号：** **得分：**

任务描述

根据《国家电网公司重要保电事件（客户侧）处置应急预案》开展 10 kV 重要客户、重大活动（客户侧）保电方案制定工作。

"编制 10 kV 用电客户、重大活动（客户侧）电力保障方案"技能口述、笔试评分标准（高级技师 002）

姓名： **准考证号：** **得分：**

参考答案及评分要点

1. 编制前准备（4 分）

查阅客户资料，对客户基本情况进行简述，主要包括地址、受电容量、承担任务、保电等级等信息（4 分）。

2. 方案编制（92 分）

（1）确认保电任务。分时段明确保电任务与保电等级，并附以相应的说明，主要包括时间、基本情况、涉及重要负荷等内容（5 分）。

（2）确定供电电源。包括进线路径和多电源联络示意图（6 分）。

（3）确定客户用电信息。包括用电基本信息（户号、客户名称、用电地址、合同容量、用电类别、行业分类）、正常运行方式（主要明确 0.4 kV、10 kV 运行方式，主供电源与备用电源之间的联络安装位置等）、接线图（按照负荷进行梳理，按配电房进行总体说明后，分重要区域详细对重要负荷进行梳理，增加客户到达重要负荷末端的接线图）、主要电气设备（变压器、环网柜、高压柜、发电机柜、直流屏等）及参数（12 分）。

(4) 确定自备应急电源。包括自备发电机（设备名称、型号、容量、安装地点、接入点、供电范围）、不间断电源 UPS 及应急电源 EPS（设备名称、型号、容量、持续时间、安装地点、供电范围）（6 分）。

(5) 确定保电重要负荷基本信息。包括永久性重要负荷信息（重要场所及设备、负荷用途、重要性定级、使用时段、负荷容量、自备应急电源、末端自投装置、馈电柜编号）、临时性接入负荷信息（场所位置、重要场所临时接入负荷、重要性定级、使用时段、负荷容量、自备应急电源、接电点）（6 分）。

(6) 确定外接应急电源信息。包括设备名称、容量、接口位置、供电范围、负荷信息、停放位置、电缆长度等，如有发电车，需确认其示意图、停靠位置、电缆路径、接入位置等关键信息（5 分）。

(7) 确定继电保护及整定信息。包括设备名称、设备型号、PT 变比、CT 变比、继电保护装置厂家、整定值等信息（6 分）。

(8) 确定保障团队。编制保障指挥体系，包括用电方（总负责人、电气负责人等）、供电方（指挥、变电运检、配电运检、用电检查等人员）、现场职守位置图及人员明细（根据客户现场配电房、重要负荷场所、发电机等地理图，标注现场职守人员位置点）（3 分）。

(9) 确定后勤保障（食宿、医疗）及现场保障。针对用电方、供电方，均需确认保障准备、现场值守等内容（6 分）。

(10) 与调控中心协调电网应急处置预案（4 分）。

(11) 确认现场应急处置预案。从现场停电现象出发，从进线电源失电、低压母线失电、重要负荷失电等分别进行编制处置预案（如一路高压进线电源失电、两路高压进线电源失电、低压一段母线失电、两段低压母线均失电、发电机应急投入预案、通讯应急处置预案）（21 分）。

(12) 确认备品备件及安全工器具清单。包括 0.4 kV 断路器、10 kV 断路器、抽屉式空气开关等备品备件情况，及绝缘手套、绝缘靴、接地线、声光验电器、验电笔等安全工器具（6 分）。

3. 编制完成（4 分）

确认方案的审批人、审核人、编写人，标注为内部资料，注意保密（4 分）。

考评员签字：　　　　　　　　　　　　　　考评日期：　　年　　月　　日

“高供低计电能计量装置综合误差测试”技能操作任务单（高级技师003）

姓名：　　　　　　　准考证号：　　　　　　　　　　　得分：

一、任务描述

请利用相关仪器仪表对高供低计电能计量装置进行综合误差测试，并将测试结果填入《电能计量装置综合误差测试记录单》。

二、考核方式

实操（技能操作）。

三、标准用时

45分钟。

四、注意事项

（1）室内考场应具备良好照明、通风条件。

（2）应不少于两个工位，每个工位面积不小于5 m^2。

（3）工位之间应设有隔离围栏。

（4）全程带电作业，注意操作者与带电设备保持足够的安全距离。

“高供低计电能计量装置综合误差测试”技能操作准备通知单（高级技师003）

一、场地位置及要求

（1）考场应设在错接线实训室。

（2）考场要求设置考核人员桌椅。

二、工器具及材料要求

（1）高压计量装置综合测试仪（WDX-5CD）：1套。

（2）三相四线带TA计量装置：1组。

（3）模拟负载：1套。

(4) 数字钳形电流表：1块。

(5) 绝缘垫（1 m×5 m×5 mm)：1块。

(6) 万用表：1块。

(7) 安全遮栏：2套。

(8) 标识牌“从此进出”：1块。

(9) 警示牌“止步，高压危险”：4块。

(10) 封钳：若干。

(11) 常用工器具（各种螺丝刀、偏口钳等）：1套。

(12)《电能计量装置综合误差测试记录单》：1张。

“高供低计电能计量装置综合误差测试”技能操作数据记录表（高级技师003）

姓名：　　　　　　准考证号：　　　　　　　　　　得分：

一、电压、电流值

分相电压、电流测量记录表

项目	电压值	电流值	
		一次电流值	二次电流值
A			
B			
C			

二、变比误差测试结果

电流互感器变比误差测试记录表

项目	变比误差测试结果
A	
B	
C	

三、计量装置综合误差结果

计量装置综合误差结果：________________。

"高供低计电能计量装置综合误差测试"操作评分记录表（高级技师 003）

操作评分记录表

<table>
<tr><td colspan="2">姓名</td><td></td><td>准考证号</td><td></td><td>工作单位</td><td colspan="3"></td></tr>
<tr><td colspan="2">标准用时</td><td>45 min</td><td>累计用时</td><td colspan="5">点　　分～　　点　　分</td></tr>
<tr><td>序号</td><td>项目</td><td colspan="5">评分标准(满分为 100 分)</td><td>配分</td><td>得分</td></tr>
<tr><td>1</td><td>工作前准备</td><td colspan="5">1. 穿工作服、绝缘鞋，戴安全帽、绝缘手套，站在绝缘垫上，确认操作工器具绝缘是否良好
(1)未按要求的扣 5 分</td><td>5</td><td></td></tr>
<tr><td rowspan="3">2</td><td rowspan="3">工作过程</td><td colspan="5">1. 现场安全布置：在计量装置四周设置遮栏，在遮栏四周向外设置"止步，高压危险"警示牌，出入口悬挂"从此进出"标识牌。正确填写第二种工作票
(1)未设遮栏扣 3 分
(2)未挂标识牌或警示牌扣 2 分
(3)口述第二种工作票，错一处扣 2 分</td><td>10</td><td rowspan="2"></td></tr>
<tr><td colspan="5">2. 封印检查：检查计量箱、电能表大盖、电能表小盖封印是否完好，无封印或封印存在问题应记录，并用取证工具取证。使用验电笔进行验电
(1)漏检查每处扣 2 分
(2)未记录和取证扣 5 分
(3)漏记录和取证每处扣 2 分
(4)未正确验电扣 5 分
(5)未正确使用钢丝绳剪拆除封印扣 5 分</td><td>5</td></tr>
<tr><td colspan="5">3. 分相电压、电流测量：用万用表和数字钳形电流表分别测量 A、B、C 相电压和一、二次负荷电流并记录
(1)档位选择错误每次扣 5 分
(2)钳口闭合不严每次扣 2 分
(3)测量时选错测量点或带电换档每次扣 5 分
(4)测试数据未记录或记录不全每项扣 2 分
(5)未正确拆除封印扣 5 分</td><td>10</td><td></td></tr>
</table>

续表

<table>
<tr><td colspan="2">姓名</td><td></td><td>准考证号</td><td></td><td>工作单位</td><td colspan="3"></td></tr>
<tr><td colspan="2">标准用时</td><td>45 min</td><td>累计用时</td><td colspan="5">点　分 ～ 点　分</td></tr>
<tr><td>序号</td><td>项目</td><td colspan="5">评分标准(满分为 100 分)</td><td>配分</td><td>得分</td></tr>
<tr><td rowspan="5">2</td><td rowspan="5">工作过程</td><td colspan="5">4. 接线:将高压无线钳表安装在一次电流进线处。Ua、Ub、Uc 端子分别接 A、B、C 三相电压,Uo 接零线。A 相钳表卡住电能表 A 相电流出线处,B 相钳表卡住电能表 B 相电流出线处,C 相钳表卡住电能表 C 相电流出线处,注意极性。根据拟选方式,把相应的脉冲插头(光电采样器、电子表脉冲输出线和手动控制计数器)插到被校表脉冲输入插座
(1)接线错误扣 10 分
(2)电流钳未先与测试仪进行连接每次扣 10 分
(3)电流钳钳入一次导线时极性相反每次扣 5 分
(4)电流钳钳口闭合不严每次扣 5 分</td><td>30</td><td></td></tr>
<tr><td colspan="5">5. 测量参数设置:打开电流互感器现场测试仪电源开关,在主界面选择“综合测量”,按照“接线:四线有功。输入:钳表。校表:自动。电流:根据测量的电流值选择相应的量程。常数:被校电能表电能常数。表号:被校电能表条形码号。圈数:校验圈数。户名:用户名称。TA:电流互感器变比”设置测量参数
(1)功能选择错误扣 5 分
(2)参数设置错误每项扣 2 分</td><td>15</td><td></td></tr>
<tr><td colspan="5">6. 测试数据记录:按“误差校验”键,可校验计量装置综合误差。按“变比极性”键,可测量当前高压钳表的极性。将测试结果记录在记录单上
(1)测试漏项每项扣 2 分
(2)未记录测试结果扣 5 分</td><td>5</td><td></td></tr>
<tr><td colspan="5">7. 拆除测试线:先取下电流钳,然后断开电流钳与测试仪的连接导线
(1)电压线与零线的断开顺序错误扣 5 分
(2)电流线断开顺序错误扣 5 分</td><td>5</td><td></td></tr>
<tr><td colspan="5">8. 重新上封:重新上封并记录封印编号
(1)未重新上封扣 3 分
(2)漏上一颗封扣 1 分
(3)未记录封印编号扣 2 分</td><td>5</td><td></td></tr>
<tr><td rowspan="2">3</td><td rowspan="2">工作终结</td><td colspan="5">1. 应不发生安全或设备损坏事故
(1)作业过程中发生安全或设备损坏事故本项考核不及格</td><td>5</td><td></td></tr>
<tr><td colspan="5">2. 测试完毕后清理现场
(1)未清理场地扣 5 分
(2)清理不充分扣 2 分</td><td>5</td><td></td></tr>
<tr><td colspan="2">总分</td><td colspan="7"></td></tr>
<tr><td colspan="2">备注</td><td colspan="7">在规定时间内未完成,每超过 5 分钟扣 5 分</td></tr>
</table>

考评员签字:　　　　　　　　　　考评日期:　　年　　月　　日

“新装高压用户竣工验收流程”技能口述、笔试试题卡（高级技师 004）

姓名：　　　　　　　准考证号：　　　　　　　　　　　　得分：

任务描述

收集用户提交的竣工资料、相应设备说明书和报告单等相关材料，对用户进行验收检查，根据验收情况进行复审、设备调试、送抵相关协议（合同）、组织送电。

“新装高压用户竣工验收流程”技能口述、笔试评分标准（高级技师 004）

姓名：　　　　　　　准考证号：　　　　　　　　　　　　得分：

参考答案及评分要点

（1）用户设备安装完工，并提供下列有关资料后，应组织进行竣工检查（25 分）。

①竣工报告（5 分）。

②符合现场实际的一、二次回路图（5 分）。

③电气设备出厂说明书和出厂试验报告（5 分）。

④现场操作有关规程和运行管理有关规程及运行人员名单（5 分）。

⑤安全工具检验合格证、试验报告和隐蔽工程报告（5 分）。

（2）接到上述资料后，组织供用电单位和设计施工单位有关人员到现场验收检查。根据验收情况提出检查意见，确定改进办法和完成日期，确定送电日期。经各方同意后，出具竣工验收报告（10 分）。

（3）用电单位根据验收报告内容，按时完成整改后，用电检查员进行复审（10 分）。

（4）用电检查员按确定的日期组织装表，并进行设备机电保护的调试（10 分）。

(5) 将有关电力调度单位制定的送电批准书和调度协议送至有关单位（10 分）。

(6) 送电的准备工作全部完成后，用电检查员和有关人员到现场参加送电指导工作（5 分）。客户电工按调度发的送电批准书和调度协议所列内容和步骤组织送电（10 分）。送电后，检查设备，各种仪表指示应正常（10 分），电能计量、定量用电应正常。用电检查员应记录表底数和表号、条码号，并将有关工作单转送有关单位（10 分）。

考评员签字： 考评日期： 年 月 日

“35 kV 客户变电站电气设备运行安全检查”技能口述、笔试试题卡（高级技师 005）

姓名： 准考证号： 得分：

任务描述

请对 35 kV 客户变电站电气设备运行情况进行安全检查，并从以下三个方面进行回答。

(1) 工作前准备。

(2) 工作过程。

(3) 工作终结。

“35 kV 客户变电站电气设备运行安全检查”技能口述、笔试评分标准（高级技师 005）

姓名： 准考证号： 得分：

参考答案及评分要点

1. 工作前准备（9 分）

(1) 准备照相机（1 分）、录音笔（1 分）。

(2) 见客户主动出示（佩戴）有效工作证件（2 分）。

(3) 应穿着工作服（1 分）、绝缘鞋（1 分），戴绝缘手套、安全帽（1 分）。

(4) 检查前应先查阅客户资料（纸质资料或186系统资料）：供用电合同，调度协议，客户用电变更记录，自备电源使用协议，一、二次系统图，客户缺陷隐患记录等（2分）。

2. 工作过程（82分）

(1) 安全工器具巡视检查内容主要有（6分）：

①检查绝缘鞋、绝缘手套、验电笔（器）、接地线、警示牌、标识牌“线路有人工作，禁止合闸”、安全帽、绝缘梯等配备是否足够。

②检查安全工器具柜内所放物品与名称是否吻合；检查安全工器具是否按要求、按编号摆放整齐，存放位置是否方便使用，试验日期是否超期。

③检查灭火器是否放到明显易取位置，型号是否合格（必须能带电灭火），试验日期是否超期，压力值是否符合相关要求，灭火器是否完好。

(2) 配电柜巡视检查内容主要有（10分）：

①检查配电柜屏及屏内主要部件是否规范命名（柜子编号、运行指示灯、停止指示灯、合闸按钮、分闸按钮、压板、控制开关等）。

②检查配电柜是否有挡板（上下、左右、前后）；检查柜门是否正常关闭；检查柜体、门是否接地，接地点是否牢固，接地线是否有腐蚀。

③检查配电柜上所有操作把手、按钮、开关、接线柱、仪表或表盘玻璃等固定是否牢固，操作是否灵活，有无过热腐蚀现象，各处螺丝是否按期紧固。

④检查是否按周期进行预防性试验。

⑤检查断路器是否能可靠分、合，且分、合闸指示是否正确；检查隔离开关（刀闸）触头接触是否良好，分合是否同期且无卡阻。

(3) 变压器巡视检查内容主要有（9分）：

①检查监视仪表的指示是否正常，变压器电压、电流是否正常，检查负荷使用情况。

②检查变压器各部位有无渗油、漏油情况。

③检查套管外部有无破损裂纹、有无严重油污、有无异常现象。

④检查变压器音响是否正常。

⑤检查变压器油温是否正常（油温不得经常超过85 ℃，最高不得超过95 ℃）。

⑥检查各部位（变压器中性点、外壳等）接地是否完好。

⑦检查变压器有无按周期进行预防性试验。

⑧检查变压器油枕油位（变压器油位标有＋40 ℃，＋20 ℃，－30 ℃三条刻度的含意：标有＋40 ℃，表示变压器环境温度在 40 ℃时，满载运行油位最高限额。标有＋20 ℃，表示变压器环境温度在 20 ℃时，满载运行油位最高限额。标有－30 ℃，表示变压器环境温度在－30 ℃时，空载运行油位最低限额）、油色（油色一般为浅黄色或黄色）是否正常，检查油窗是否脏污、破碎。

⑨检查室内安装的变压器是否能够自然通风，若不能自然通风，装有机械通风的变压器室风扇通电试运行应良好，风扇启动装置定值应正确。

(4) 电缆巡视检查内容主要有（7 分）：

①检查电缆盖板是否齐全，电缆进出口是否封堵。

②检查电缆绝缘有无损坏。

③检查每条电缆是否标注型号规格和去向。

④检查电缆可能受到机械损伤的地段是否加装了保护管。

⑤检查防水、防潮、排水、排风等情况是否良好。

⑥检查敷设电缆通道的起止点、转弯处及沿线是否在地面上设置了明显的电缆标识。

⑦检查电缆有无按周期进行预防性试验。

(5) 保护装置巡视检查内容主要有（10 分）：

①检查保护装置屏显是否正常，有无告警信息。

②检查过流、速断等保护是否正常投入运行。

③检查保护装置整定值是否与继电保护单一致。

④检查后台机运行是否正常，有无报警信息。

⑤检查有无按周期进行保护试验。

⑥检查操作电源是否运行稳定可靠。

(6) 电容柜巡视检查内容主要有（8 分）：

①检查功率因数表指示是否正常、电容器投切指示灯是否指示正常。

②检查电容器有无鼓胀和漏液，电气连接是否牢靠，电容器外壳、避雷器是否可靠接地。

③检查补偿容量配置是否达到要求。

④检查无功补偿装置是否在自动挡位，补偿是否到位。

(7) 谐波柜巡视检查内容主要有 (2 分):

检查消谐装置是否显示谐波。

(8) 避雷器及接地装置巡视检查内容 (6 分):

①检查瓷套管表面有无严重污秽、有无裂纹，瓷套管是否完整。

②检查导线和接地引下线有无断股现象。

③检查避雷器是否进行预防性试验，且试验是否合格。

④检查配电室有无杂物、通道是否畅通。

⑤检查配电室墙是否有模拟图版，图版上标注的设备名称是否与实际设备一致，是否符合标注齐全且正确。

⑥检查高、低室绝缘垫铺设是否到位，有无破损现象；检查绝缘垫有无试验报告，报告是否超期。

(9) 配电室巡视检查内容主要有 (6 分):

①检查配电室内通风是否良好（宜采用自然通风，自然通风不能满足要求时，增加机械通风）。

②检查配电室是否装设防止雨水、雪和防小动物的设施。

③检查配电室照明及应急照明是否充足，是否完好。

(10) 人员配置和规章制度巡视检查内容主要有 (8 分):

①检查电工作业人员情况（包括人数情况、持证情况、证件有效情况、登记情况）。

②检查是否有值班记录、设备缺陷记录、巡视记录，检查工作票、操作票等是否符合要求。

③检查客户是否制定反事故措施，应急预案是否符合实际、是否经过演练，双电源倒闸操作步骤和自备应急电源切换操作步骤等是否上墙。

④检查客户巡视检查制度、交接班制度、定期轮换制度等是否上墙。

(11) 自备应急电源巡视检查内容主要有 (6 分):

①检查自备发电机双投刀闸或有闭锁装置的开关接入是否符合闭锁要求。

②检查自备发电机有无定期进行预防性试验、启机试验、切换装置的切换试验。

③检查自备发电机协议是否齐备，启停步骤提示是否上墙。

④检查自备发电机有无渗漏油现象。

⑤检查发电机燃油是否单独放置，油量是否满足其自身应急要求；检查消防措施是否可靠。

⑥检查自备发电机外壳和中性点是否单独可靠接地，接地连接处有无锈蚀、有无松动，接地线是否完好。

（12）不间断电源、直流控制屏巡视检查内容主要有（6分）：

①检查客户使用不间断电源、直流装置控制仪指示灯是否报警（报警原因为不间断电源或应急电源容量不足、过载、运行时停电或输入电源没有接好）。

②检查蓄电池有无漏液，电极有无腐蚀或氧化。

③检查电池有无被接线柱氧化腐蚀，接线是否牢固。

3. 工作终结（9分）

（1）清理现场工具（3分）。

（2）下达《用电检查结果通知书》（1分），向客户解释说明存在的安全隐患（1分）及隐患引起的后果（1分），解说后应让客户签字（1分）。

（3）预约安全隐患整改复查时间（2分）。

考评员签字：　　　　　　　　　　　　考评日期：　　年　　月　　日

“现场绘制客户高压配电室主接线图”技能操作任务单（高级技师006）

姓名：　　　　　　　　**准考证号：**　　　　　　　　　　　　**得分：**

一、任务描述

现场绘制客户高压配电室主接线图，并给出主要电气设备的技术参数。

二、考核方式

实操（技能操作）。

三、标准用时

45分钟。

四、注意事项

（1）室内考场应具备良好照明、通风条件。

（2）注意操作者与带电设备保持足够的安全距离。

"现场绘制客户高压配电室主接线图"技能操作准备通知单（高级技师 006）

一、场地位置及要求

(1) 考场应设在 10 kV 配电运行实训室。

(2) 考场要求设置考核人员桌椅。

二、工器具及材料要求

(1) 安全遮栏：2 套。

(2) 标识牌"从此进出"：1 块。

(3) 警示牌"止步，高压危险"：4 块。

(4) 封钳：若干。

(5) 纸、笔：若干。

"现场绘制客户高压配电室主接线图"操作评分记录表（高级技师 006）

操作评分记录表

姓名		准考证号		工作单位	
标准用时	60 min	累计用时	点　分～　点　分		

序号	项目	评分标准(满分为 100 分)	配分	得分
1	工作前准备	1. 戴安全帽,穿工作服、绝缘鞋 (1)未按要求的扣 5 分	5	
2	工作过程	1. 口述 10 kV 配电室用电检查工作中的危险点 (1)随意触碰带电设备,发生人身伤亡事件 (2)误入带电间隔,发生人身伤亡事件 (3)擅自代替客户操作设备,造成设备损坏或人身伤亡事件 (4)业务水平不到位,未能及时发现客户安全隐患,客户设备带隐患运行 (5)未履行"四到位"要求,未书面告知客户进行隐患整改	10	

续表

<table>
<tr><td colspan="2">姓名</td><td></td><td>准考证号</td><td></td><td>工作单位</td><td colspan="3"></td></tr>
<tr><td colspan="2">标准用时</td><td>60 min</td><td>累计用时</td><td colspan="5">点　　分　～　　点　　分</td></tr>
<tr><td>序号</td><td>项目</td><td colspan="5">评分标准(满分为 100 分)</td><td>配分</td><td>得分</td></tr>
<tr><td rowspan="7">2</td><td rowspan="7">工作过程</td><td colspan="5">(6)安全防护措施不足,不能保障现场检查人员人身安全
(说出一个知识点加 2 分,最高加至 10 分)</td><td>10</td><td rowspan="7"></td></tr>
<tr><td colspan="5">2. 口述 10 kV 配电室用电检查工作中的安全措施
(1)用电检查人员持证开展现场检查
(2)用电检查人员进入客户现场进行检查时,严禁随意触碰带电设备
(3)用电检查人员进入客户现场进行检查时,要遵守客户保密规定,严禁随意走动
(4)严禁代替客户操作设备
(5)针对客户存在的安全隐患,需使用《用电检查结果通知书》书面通知客户,并要客户主要负责人进行签收
(6)严格按照安规要求做好安全防护措施
(说出一个知识点加 2 分,最高加至 10 分)</td><td>20</td></tr>
<tr><td colspan="5">3. 口述 10 kV 配电室各柜体电气接线图的结构与意义:采用先上后下、从左到右的方法讲解各柜体电气接线图的意义
(1)未讲解或讲解错误电气接线图结构每项扣 2 分
(2)未讲解或讲解错误数据意义每项扣 2 分</td><td>10</td></tr>
<tr><td colspan="5">4. 绘制电气设备的主要技术参数:电气设备的主要技术参数在绘制的主接线图中应有所体现,且主要技术参数绘制应正确
(1)主要技术参数未在图中绘出的每项扣 5 分
(2)参数绘制错误的每项扣 2 分</td><td>20</td></tr>
<tr><td colspan="5">5. 绘制各个电压等级的主接线形式:主要接线形式绘制应正确(包括母线、进线、馈线等)
(1)主要接线形式绘制错误的每项扣 10 分</td><td>20</td></tr>
<tr><td colspan="5">6. 绘制开关、互感器及避雷器的安装位置及说明配置情况
(1)开关、互感器、避雷器等元件位置绘制错误的每项扣 5 分
(2)开关、互感器、避雷器等元件配置情况说明错误的每项扣 5 分</td><td>15</td></tr>
<tr><td colspan="5">7. 绘制中确保电气符号、绘制方式的正确性
(1)电气符号绘制错误的每项扣 5 分
(2)绘制方式不符合技术规范要求的每项扣 5 分</td><td>10</td></tr>
<tr><td>3</td><td>工作终结</td><td colspan="5">1. 清理桌面
(1)清理不彻底扣 5 分</td><td>5 分</td><td></td></tr>
<tr><td colspan="2">总分</td><td colspan="7"></td></tr>
<tr><td colspan="2">备注</td><td colspan="7">在规定时间内未完成,每超过 5 分钟扣 5 分</td></tr>
</table>

考评员签字：　　　　　　　　　　考评日期：　　年　　月　　日

“用户继电保护装置监督检查项目”技能口述、笔试试题卡（高级技师007）

姓名：　　　　　　准考证号：　　　　　　　　　　得分：

任务描述

到用户处进行继电保护监督检查，请列出检查项目重点及注意事项（请从检验周期、定值、配置、性能、安装、电源、微机继电保护等方面进行回答）。

“用户继电保护装置监督检查项目”技能口述、笔试评分标准（高级技师007）

姓名：　　　　　　准考证号：　　　　　　　　　　得分：

参考答案及评分要点

1. 检查继电保护装置是否定期检验（12分）

（1）110 kV及以上客户和重要客户每12个月至少进行一次校验。

（2）35 kV客户每24个月至少进行一次校验。

（3）10 kV客户每36个月至少进行一次校验。

2. 检查继电保护与系统配合情况（20分）

（1）继电保护配置要根据保护对象的特征来确定。

（2）继电保护配置要根据保护对象的电压等级和重要性来确定。

（3）在满足安全可靠性的前提下要尽量简化二次回路。

（4）要注意相邻设备保护装置的死区问题。

（5）所配置的继电保护应能满足可靠性、选择性、灵活性和速动性的要求。

3. 检查保护定值整定是否合理（8分）

（1）检查保护定值是否为供电公司审核通过的保护定值。

（2）检查是否更换设备和运行方式，若已更换，应检查是否经供电公司批准且已更改保护定值。

4. 检查继电保护的性能是否符合要求（10 分）

检查继电器性能、各元件质量和电气性能是否良好，动作是否灵活，运行中是否有异音。

5. 检查继电保护装置的安装是否符合要求（10 分）

检查继电器和二次回路安装是否正确、牢固，其周围是否清洁，接线是否正确、整齐，端子编号是否正确，接线端子螺丝是否牢固可靠。

6. 检查继电保护装置供电电源是否符合要求（10 分）

检查跳闸电源是否可靠，硅整流及电路储能装置是否齐全，蓄电池维护状态是否良好。

7. 检查继电保护装置技术资料（15 分）

检查技术资料（整定值、试验记录、原理图、展开图、安装图）是否齐全，与实际是否一致。

8. 检查各种继电保护标识（5 分）

检查各种继电保护标识是否齐全、正确。

9. 检查微机保护情况（10 分）

（1）检查微机保护显示器上各参数值是否在正常范围内，显示器上的参数值与保护屏信息是否一致。

（2）检查微机保护屏各指示灯是否正常，各纽子开关、控制把手、电源开关位置是否正确，各保险是否完好。

（3）检查各保护压板位置是否正确，端子接线是否松动、是否有绝缘焦味。

（4）检查保护压板投退是否在压板投退登记簿登记。

考评员签字：　　　　　　　　　　　　考评日期：　　年　　月　　日

“双电源供电客户安全检查重点内容”技能口述、笔试试题卡（高级技师 008）

姓名： **准考证号：** **得分：**

任务描述

检查双电源客户备用电源切换装置、安全运行情况、客户配电室管理情况等。

“双电源供电客户安全检查重点内容”技能口述、笔试评分标准（高级技师 008）

姓名： **准考证号：** **得分：**

参考答案及评分要点

1. 检查备用电源切换装置（21 分）

常用、备用电源切换装置应安装于同一配电室内（7 分）。

低压双电源供电用户，应采用双投刀闸切换电源；低压三相四线供电用户，应采用低压四极双接刀闸切换电源，如因条件限制（距离过远或总屏刀闸容量在 1000 A 以上时），可采用电气闭锁，但切换电源时，不允许有合环和并列的可能（7 分）。

高压双电源供电用户，电源侧的断路器应尽量采用机械联锁装置，如开关柜距离过远，可采用电气闭锁，但应保证任何情况下，只有一路电源投入运行，而且无误并列、误合环的可能。另外，在进户终端杆装设隔离刀闸，该刀闸操作权属供电公司（7 分）。

2. 检查双电源客户安全运行情况（50 分）

凡需装设双电源用户，应事先向供电公司提出书面申请（内容包括：申请理由、现有供用电状况、申请备用或保安电源的容量、自备发电机组装置容量和台数、变配电室双电源一次主接线设计图、防止倒送电措施、防误并列措施等）。供电公司应严格审核，严加控制，经审查后，答复用户（5 分）。

双电源用户均应签订《双电源（自备电源）供用电协议书》，方可投入运行。对未曾申请或虽已申请（且已安装好），但未经供电公司正式批准而擅自使用双电源者，一经发现，则予停止供电，并按违章用电论处（5分）。

任何用户（包括双电源用户）都无权私自给其他单位或个人转供电源；任何单位或个人都不得私拉乱接，改变原来供电电源的接线，而构成双电源（5分）。

高压双电源用户，其切换电源不论室内还是室外操作，应事先向供电公司调度室提出申请（书面或电话），经同意后方可切换。切换时，用户应执行倒闸操作票和监护制度。切换完毕，应向调度报告。高压开关、刀闸均应按规定统一编号，以便填写倒闸操作票。如发生事故紧急情况，用户应先切断当前供电电源后再进行转电操作，并及时报告供电公司调度室。具体应按电网调度规程和《供用电合同》有关规定进行操作（5分）。

凡经供电公司同意，两条高压双电源分别同时供电的用户，其低压侧应各自分开线路供电，严禁合环运行。同时严禁低压侧使用临时线作为备用电源（5分）。

自备电源不得并入电网运行（自备电厂除外），如需同时使用供电公司电源和自备电源时，电气接线应各自分开，不得并接（5分）。

客户有自备发电机者，在电力系统停电时，应将与电力系统相连的断路器断开，加锁并挂警告牌。各断开处应有明显断开点。停电期间不得向电力系统倒送电（5分）。

客户必须制定符合实际情况的管理办法和操作规程，并在设备操作现场张贴。设备操作人员必须具有进网作业资格，而且熟悉设备性能和操作（5分）。

高压双电源用电客户的变电值班室，必须装设专用电话并保证其通畅（5分）。

客户应明确主、备电源使用情况，正常情况下使用主电源。主、备电源应采用手动切换，如采用自投，应取得供电部门批准（5分）。

3. 查看客户配电室管理情况（29分）

档案资料检查：主要检查客户的运行制度、运行规程、设备台账、缺陷记录、典型操作票等资料是否规范齐全（8分）。

值班电工资质检查：值班电工应取得相应等级的“电工进网作业许可证”（7分）。

设备运行状况检查：通过外观检查、红外测温法、在线监测等手段保证设备安全运行（7 分）。

安全工器具、安全预案检查：检查安全工器具是否在检验有效期内，检查是否有安全预案（7 分）。

考评员签字： 考评日期： 年 月 日

“审查 35 kV 油浸式变压器交接试验报告”技能口述、笔试试题卡（高级技师 009）

姓名： **准考证号：** **得分：**

任务描述

请对 35 kV 油浸式变压器交接试验项目及合格标准进行口述。

“审查 35 kV 油浸式变压器交接试验报告”技能口述、笔试评分标准（高级技师 009）

姓名： **准考证号：** **得分：**

参考答案及评分要点

1. 绝缘油试验（15 分）

（1）简化分析：水容性酸 pH 值＞5.4；酸值≤0.03 mg/g；闪点（闭口）≥135 ℃；水含量≤20 mg/L；界面张力≥40 mN/m；介质损耗因数 tan δ 在 90 ℃时，注入前≤0.5%，注入后≤0.7%；击穿电压≥35 kV；体积电阻率≥6×10^{10} Ω·m（10 分）。

（2）油中溶解气体色谱分析：新装变压器油中总烃含量不应超过 20 μL/L，氢含量不应超过 10 μL/L，乙炔含量不应超过 0.1 μL/L（5 分）。

2. 绕组连同套管的直流电阻（10 分）

1600 kVA 及以下三相变压器，各绕组间的直流电阻差距不应大于 4%；无中性点引出的绕组，线间各绕组直流电阻差别不应大于 2%。1600 kVA 以上三相变压器，各绕组间的直流电阻差距不应大于2%；无中性点引出的绕组，线间各绕组直流电阻差别不应大于1%。与同温下产品出厂实测值比较，各线间绕组直流电阻变化不应大于2%（10分）。

3. 分接头电压比（10分）

变压器额定分接下的分接头电压比允许偏差不应超过±0.5%，其他分接的电压比应在变压器阻抗电压值（单位为%）的1/10以内，但不超过±1%（10分）。

4. 三相接线组别（10分）

变压器的三相接线组别应符合设计要求，应与铭牌上的标记和外壳上的符号相符（10分）。

5. 绕组连同套管的绝缘电阻、吸收比（10分）

绝缘电阻不应低于出厂试验值的70%或不低于10 000 MΩ（在20 ℃时）。当变压器容量在4000 kVA及以上时，应测量吸收比，吸收比与产品出厂值相比应无明显差别，在常温下应不小于1.3；当R_{60}大于3000 MΩ（20 ℃）时，吸收比可不做考核要求（10分）。

6. 绕组连同套管的介质损耗因数与变压器本体电容量（15分）

当变压器容量在10 000 kVA及以上时，应测量介质损耗因数tan δ，不宜大于出厂试验的130%；当大于130%时，可结合其他绝缘试验结果综合分析判断（10分）。变压器本体电容量与出厂值相比允许偏差应为±3%（5分）。

7. 绕组连同套管的交流耐压试验（10分）

交流耐压试验电压标准为68 kV，外施交流电压试验电压频率不应低于40 Hz，全电压下耐受时间为60 s（10分）。

8. 冲击合闸试验（10分）

额定电压下对变压器冲击合闸试验应进行5次，每次间隔时间宜为5 min，应无异常现象（10分）。

9. 变压器相位（10分）

变压器相位应与电网相位一致（10分）。

考评员签字：　　　　　　　　　　　　考评日期：　　年　　月　　日

"高压双电源客户竣工验收及送电"技能口述、笔试试题卡（高级技师 010）

姓名： **准考证号：** **得分：**

任务描述

清拟定出高压双电源客户受电工程送电前竣工验收内容和送电方案。

"高压双电源客户竣工验收及送电"技能口述、笔试评分标准（高级技师 010）

姓名： **准考证号：** **得分：**

参考答案及评分要点

1. 高压双电源客户受电工程送电前竣工验收内容（60 分）

（1）检查受电工程施工单位资质。

（2）检查受电工程是否按照批复供电方案建设，工程施工是否符合原审定的设计要求。

（3）检查一次设备接线是否正确，核对设备安装容量与铭牌容量和供电企业批准容量是否一致。

（4）检查受电工程电气设备的安装施工工艺、工程选用材料是否符合有关规范要求。

（5）检查受电工程的隐蔽部分是否有施工记录和图纸（隐蔽标识）。

（6）检查影响电能质量的用电设备是否采取限制措施。

（7）检查无功补偿装置是否安装完毕，并具备投运条件。

（8）检查电能计量装置安装配置是否正确、合理、可靠，防窃电功能是否完备。

（9）检查各项安全防护措施（硬、软防护遮栏，警示标志）是否到位。

（10）检查电气设备试验是否合格，试验单位是否具备相应资质。

（11）检查继电保护装置试验是否合格，保护定值是否按要求进行调整。

(12) 检查电气系统接地是否符合规范要求。

(13) 检查双（多）电源的防误闭锁装置是否可靠齐全，并符合安全规程要求。

(14) 检查各种操作机构是否安全可靠，电气设备外观是否清洁，充油设备是否漏渗，设备编号是否正确、醒目。

(15) 检查客户变电所（站）模拟图板的接线、设备编号等是否规范，是否与实际相符。

(16) 检查客户变电所（站）是否配备齐全合格的安全工具（按周期开展测试且测试结果合格）、测量仪表、消防器材。

(17) 检查变电所（站）是否配置倒闸操作、运行、检修等相关的管理制度和记录。

(18) 检查变电所（站）是否备有一套全站设备技术资料和调试报告。

(19) 检查客户运行值班人员、进网作业电工是否取得电工特种作业证。

(20) 检查是否建立调度通信联系机制，调度通信联络是否畅通。

2. 高压双电源客户受电工程送电方案（40分）

(1) 明确启动投运的时间。

(2) 明确启动投运应具备的条件。

(3) 明确客户概况及一次主接线图。

(4) 编制启动送电操作步骤及操作注意事项，包括双电源送电顺序及送电后高压核相、低压核相。

(5) 编制向调度（送电发令人）汇报的送电当前受电变电站一、二次设备的巡视检查内容。

(6) 明确送电前供电设施需要进行的巡视检查、电气试验、缺陷处理及期限、责任人。

(7) 明确电网需要进行的操作。

(8) 明确变电站的送电范围及相应的操作票（包括检查相序、核对多电源相位）。

(9) 编制送电过程中可能发生的异常、缺陷及故障处理方案。

(10) 明确参加启动的人员、客户负责人（与供电企业调度部门联系送电）、受电变电站操作人、监护人。

考评员签字：　　　　　　　　　　　　考评日期：　　年　　月　　日

六、抄表核算收费员初级工

"应用 Word 进行线上交费宣传单制作"技能操作任务单（初级工 001）

姓名：　　　　　　　　准考证号：　　　　　　　　　　　　　　得分：

一、任务描述

应用 Word 进行线上交费宣传单制作，完成线上交费宣传单文字输入及排版设计。Word 文字输入应注意字号、字体、颜色等，排版格式要求应正确。

二、考核方式

实操（技能操作）。

三、标准用时

40 分钟。

"应用 Word 进行线上交费宣传单制作"技能操作准备通知单（初级工 001）

场地位置及要求

（1）考场应设在培训中心机房。

（2）考场要求设置考核人员桌椅。

“应用 Word 进行线上交费宣传单制作”操作评分记录表（初级工 001）

操作评分记录表

<table>
<tr><td colspan="2">姓名</td><td></td><td>准考证号</td><td></td><td>工作单位</td><td colspan="2"></td></tr>
<tr><td colspan="2">标准用时</td><td>30 min</td><td>累计用时</td><td colspan="4">点　　分　～　　点　　分</td></tr>
<tr><td>序号</td><td>项目</td><td colspan="4">评分标准(满分为 100 分)</td><td>配分</td><td>得分</td></tr>
<tr><td>1</td><td>准确完整输入文字</td><td colspan="4">(1)输入文字不完整,扣 10 分
(2)输入文字错误,每处扣 1 分</td><td>35</td><td></td></tr>
<tr><td>2</td><td>按要求调整文字字体</td><td colspan="4">文字字体不符合要求,每处扣 1 分</td><td>5</td><td></td></tr>
<tr><td>3</td><td>按要求调整文字字号</td><td colspan="4">文字字号不符合要求,每处扣 1 分</td><td>5</td><td></td></tr>
<tr><td>4</td><td>按要求调整行距</td><td colspan="4">行距设置不符合要求,扣 10 分</td><td>10</td><td></td></tr>
<tr><td>5</td><td>按要求插入艺术字</td><td colspan="4">(1)未插入艺术字,扣 10 分
(2)艺术字样式不符合要求,扣 5 分
(3)艺术字字体、字号不符合要求,扣 5 分
(4)文字错误,每处扣 1 分</td><td>25</td><td></td></tr>
<tr><td>6</td><td>按要求插入图片</td><td colspan="4">(1)未插入指定图片,每处扣 5 分
(2)图片设置不符合要求,扣 5 分
(3)图片插入位置、大小不符合要求,扣 5 分</td><td>20</td><td></td></tr>
<tr><td colspan="2">总分</td><td colspan="4"></td><td></td><td></td></tr>
</table>

考评员签字：　　　　　　　　　　　　考评日期：　　年　　月　　日

“居民生活阶梯电价客户电费计算”技能口述、笔试试题卡（初级工 002）

姓名： **准考证号：** **得分：**

任务描述

某公变台区“一户一表”居民用户抄表例日为每月 8 日，2019 年 11 月 8 日和 12 月 8 日电能表抄见示数分别为 3116 kW・h、3852 kW・h，倍率为 1，该户 11 月发行年阶梯累计电量值为 3116 kW・h，请计算出该用户 12 月电费是多少（阶梯分档和电价执行 2019 年河北省北部电网销售电价表标准，电费计算保留两位小数点）。

用电分类		电压等级		电度电价（元/千瓦・时）					基本电价	
				平段	尖峰	高峰	低谷	双蓄	最大需量（元/千瓦・月）	变压器容量（元/千伏安・月）
一、居民生活用电	一户一表	不满1千伏	第一档	0.5200		0.5500	0.3000			
			第二档	0.5700		0.6000	0.3500			
			第三档	0.8200		0.8500	0.6000			
		1－10千伏及以下	第一档	0.4700		0.5000	0.2700			
			第二档	0.5200		0.5500	0.3200			
			第三档	0.7700		0.8000	0.5700			
	合表	不满1千伏		0.5362		0.5700	0.3100			
		1－10千伏及以上		0.4862		0.5200	0.2800			
二、工商业及其他用电	单一制	不满1千伏		0.5342	0.8403	0.7383	0.3301	0.2791		
		1－10千伏		0.5192	0.8163	0.7173	0.3211	0.2716		
		35千伏及以上		0.5092	0.8003	0.7033	0.3151	0.2666		
	两部制	1－10千伏		0.5333	0.8389	0.7370	0.3296	0.2787	35	23.3
		35－110千伏		0.5183	0.8149	0.7160	0.3206	0.2712	35	23.3
		110千伏		0.5033	0.7909	0.6950	0.3116	0.2637	35	23.3
		220千伏及以上		0.4983	0.7829	0.6880	0.3086	0.2612	35	23.3
三、农业生产用电		不满1千伏		0.5004						
		1－10千伏		0.4904						
		35千伏及以上		0.4804						
贫困县农业生产用电		不满1千伏		0.3154						
		1－10千伏		0.3124						
		35千伏及以上		0.3094						

备注：

1. 上表所列价格，除贫困县农业生产用电外，均含国家重大水利工程建设基金0.196875分钱。
2. 上表所列价格，除农业生产用电外，均含大中型水库移民后期扶持基金0.26分钱，地方水库移民后期扶持资金0.05分钱。
3. 上表所列价格，除农业生产用电外，均含可再生能源电价附加，其中，居民生活用电0.1分钱，其他用电1.9分钱。
4. 2019年7月1日起执行。

图 6-1　河北省北部电网销售电价表

“居民生活阶梯电价客户电费计算”技能口述、笔试评分标准（初级工002）

姓名：　　　　　　　　准考证号：　　　　　　　　　　　　得分：

参考答案及评分要点

1. 居民阶梯电价政策（30分）

依据冀价管〔2012〕48号文件，将全省城乡居民用电量按照满足基本用电需求、正常合理用电需求和较高生活质量用电需求划分为三档，电价实行分档递增。

第一档：居民用户月用电量在180 kW·h以内，电压不满1 kV的，电价为0.52元。

第二档：居民用户月用电量在181 kW·h～280 kW·h，电压不满1 kV的，电价为0.57元（在第一档电价基础上每度提高了0.05元）。

第三档：居民用户月用电量在281 kW·h及以上，电压不满1 kV的，用户电价为0.82元（在第一档电价基础上每度提高了0.30元）。

冀北公司实际执行电量以年阶梯电量为准，年阶梯电量分档如下：

年阶梯第一档电量：全年总用电量在2160 kW·h（即180 kW·h×12月）以内，电价为0.52元。

年阶梯第二档电量：全年总用电量在2161 kW·h～3360 kW·h（即280 kW·h×12月），电价为0.57元。

年阶梯第三档电量：全年总用电量在3361 kW·h及以上，电价为0.82元。

2. 总用电量计算（20分）

总用电量＝3852－3116＝736（kW·h）。

3. 分档电量计算（20分）

该户11月年阶梯累计电量为3116 kW·h，11月抄表示数为3116，12月抄表示数为3852。所以该用户12月用电量为年阶梯第二档电量和第三档电量。

12月年阶梯第二档电量＝3360－3116＝244（kW·h）。

12月年阶梯第三档电量＝3852－3360＝492（kW·h）。

4. 分档电费计算（20 分）

从电价表可以看出不满 1kV 用户第二档电价为 0.57 元，第三档电价为 0.82 元。

第二档电费＝244×0.57＝139.08（元）。

第三档电费＝492×0.82＝403.44（元）。

5. 12 月总电费（10 分）

139.08＋403.44＝542.52（元）。

考评员签字：　　　　　　　　　　　　考评日期：　　年　　月　　日

"居民生活（合表）客户电费计算"技能口述、笔试试题卡（初级工 003）

姓名：　　　　　　准考证号：　　　　　　　　　　得分：

任务描述

某小区居民生活用电，2019 年 7 月 14 日和 8 月 14 日抄表的表码分别为 4008、4917，倍率为 1，求该小区 8 月电费，以及电度电费、总代征电费（电费保留两位小数点，国家重大水利工程建设基金保留六位小数点）。

电价可参见《河北省北部电网销售电价表》。

"居民生活（合表）客户电费计算"技能口述、笔试评分标准（初级工 003）

姓名：　　　　　　准考证号：　　　　　　　　　　得分：

参考答案及评分要点

（1）该小区居民生活用电应执行高压居民生活合表电价，销售电价为 0.4862 元/（kW·h）（10 分）。

（2）代征电价为：0.001968＋0.0026＋0.0005＋0.0010＝0.006068 元/（kW·h）（10 分）。

（3）电度电价为：0.4862－0.006068＝0.480132元/（kW·h）（10分）。

（4）总用电量为：4917—4008＝909 kW·h（20分）。

（5）电度电费为：总用电量×电度电价＝909×0.480132＝436.44元（20分）。

（6）总代征电费为：总用电量×代征电价＝909×0.006068＝5.52元（20分）。

（7）8月电费为：436.44＋5.52＝441.96元（10分）。

考评员签字：　　　　　　　　　　考评日期：　　年　　月　　日

"新装客户首次现场抄表之一相电压断相"技能操作任务单（初级工004）

姓名：　　　　　准考证号：　　　　　　　　得分：

一、任务描述

对新装一般工商业用户进行首次现场抄表，并对计量装置进行检查（计量方式经互感器接入三相四线电能表，其中一相电压断相、三相负荷平衡）。

二、考核方式

实操（技能操作）。

三、标准用时

60分钟。

四、注意事项

（1）应正确佩戴安全帽、手套，穿工作服、绝缘鞋。

（2）应正确进行三步法验电。

（3）注意操作者与带电设备保持足够的安全距离。

“新装客户首次现场抄表之一相电压断相”技能操作准备通知单（初级工 004）

一、场地位置及要求

（1）考场应设在室内电能表计量箱处。

（2）考场要求设置考核人员桌椅。

二、工器具及材料要求

（1）低压验电器：1 台。

（2）钳形电流表：1 台。

（3）常用工具（电工刀、一字螺丝刀）：1 套。

（4）《客户信息电价表》：1 份。

（6）黑色签字笔：1 支。

（7）计算器：1 个。

三、其他要求

需两人配合操作。

“新装客户首次现场抄表之一相电压断相”技能操作数据记录表（初级工 004）

姓名：　　　　　　**准考证号：**　　　　　　**得分：**

电能表厂商		电能表型号		电能表条码	
电压值		电流值		功率	
U_A		I_A		P_A	
U_B		I_B		P_B	
U_C		I_C		P_C	

当前总示数				上一月总示数			
当前尖示数		当前反向尖示数		上一月尖示数		上一月反向尖示数	
当前峰示数		当前反向峰示数		上一月峰示数		上一月反向峰示数	
当前平示数		当前反向平示数		上一月平示数		上一月反向平示数	
当前谷示数		当前反向谷示数		上一月谷示数		上一月反向谷示数	

查询电价		本月追退补电量		追退补电费	
尖时段电价		尖时段电量		尖时段电费	
峰时段电价		峰时段电量		峰时段电费	
平时段电价		平时段电量		平时段电费	
谷时段电价		谷时段电量		谷时段电费	
结论					

图 6-2　三相电能表数据记录单

“新装客户首次现场抄表之一相电压断相”操作评分记录表（初级工 004）

操作评分记录表

姓名		准考证号		工作单位		
标准用时	60 min	累计用时	点　分 ～ 点　分			

序号	项目	评分标准(满分为 100 分)	配分	得分
1	工作前准备	1. 主动出示(佩戴)有关证件 (1)不出示(佩戴)扣 5 分	5	
		2. 穿工作服、绝缘鞋,戴安全帽、手套 (1)未按要求的扣 5 分	5	
2	工作过程	1. 试验场地装设围栏(遮栏),悬挂“止步,高压危险”警示牌 (1)试验场地未围好围栏(遮拦)扣 5 分 (2)未悬挂警示牌扣 5 分	10	
		2. 正确进行三步法验电 (1)未验电扣 10 分 (2)验电过程不正确每处扣 2 分	10	
		3. 使用万用表测量表尾电压 (1)未能正确使用万用表测量表尾电压扣 5 分 (2)测得结果不正确扣 5 分	10	
		4. 使用卡流表测量表尾接线电流 (1)未能正确使用卡流表测量表尾接线电流扣 5 分 (2)测得结果不正确扣 5 分	10	
		5. 正确排查电能表电量异常原因 (1)未核对现场信息扣 5 分 (2)未通过电能表读数初步分析错误现象扣 5 分 (3)未准确判断相别扣 10 分 (4)未在故障记录单上记录或记录不准确扣 5 分	20	
		6. 正确计算追补电费 (1)电价执行错误扣 5 分 (2)追退补电量计算错误扣 5 分 (3)分时电价追补错误扣 5 分	15	
3	工作终结	1. 清理工作现场 (1)工器具未放回原处扣 5 分,工器具遗漏在现场扣 5 分 (2)计量箱门未关、表尾盖未扣每处扣 2 分	10	
总分				
备注		在规定时间内未完成,每超过 5 分钟扣 5 分		

考评员签字：　　　　　　　　　　考评日期：　　年　　月　　日

“钳形表的使用”
技能操作任务单（初级工 005）

姓名： **准考证号：** **得分：**

一、任务描述

使用钳形表在模拟柜上对三相电能计量装置进行交流电压的测量、交流电流的测量。

二、考核方式

实操（技能操作）。

三、标准用时

30 分钟。

四、注意事项

（1）着装应规范。

（2）应严格按工作规程执行。

（3）应正确选择工具、仪表。

（4）测试方法应正确、步骤应完整。

（5）应记录完整，分析记录单填写应正确，判断应正确。

“钳形表的使用”
技能操作准备通知单（初级工 005）

一、场地位置及要求

考场应设在实训室内电能表接线智能仿真柜处。

二、工器具及材料要求

（1）电能表接线智能仿真柜：1 台。

（2）手持式钳形表：1 块。

（3）黑色签字笔：1 支。

三、其他要求

正确使用合格的个人劳动防护用品，测量不得触及其他带电设备。测量前应办理第二种工作票，现场安全措施应布置好。

“钳形表的使用”
技能操作数据记录表（初级工 005）

姓名： **准考证号：** **得分：**

钳形表的测量记录单

电压测量							电流测量		
A 相电压	B 相电压	C 相电压	N 相电压	AB 相电压	AC 相电压	BC 相电压	A 相电流	B 相电流	C 相电流

“钳形表的使用”
操作评分记录表（初级工 005）

操作评分记录表

姓名			准考证号		工作单位	
标准用时		30 min	累计用时	点　分 ～　点　分		
序号	项目	评分标准(满分为 100 分)			配分	得分
1	工作前准备	1. 着装应规范 (1)未穿工作服、未穿绝缘鞋每项扣 5 分 (2)工作服穿着不规范、手套佩戴不规范每处扣 2 分			5	

续表

<table>
<tr><td colspan="2">姓名</td><td></td><td>准考证号</td><td></td><td>工作单位</td><td></td></tr>
<tr><td colspan="2">标准用时</td><td>60 min</td><td>累计用时</td><td colspan="3">点 分 ～ 点 分</td></tr>
<tr><td>序号</td><td>项目</td><td colspan="3">评分标准(满分为 100 分)</td><td>配分</td><td>得分</td></tr>
<tr><td rowspan="6">2</td><td rowspan="6">工作过程</td><td colspan="3">1. 仪器检查
(1)未检查或检查方法错误扣 5 分</td><td>5</td><td rowspan="6"></td></tr>
<tr><td colspan="3">2. 正确进行三步法验电
(1)未验电扣 2 分；
(2)验电过程不正确每处扣 2 分</td><td>10</td></tr>
<tr><td colspan="3">3. 现场满足安全工作规程要求
(1)触碰其他带电设备每一次扣 5 分</td><td>10</td></tr>
<tr><td colspan="3">4. 电路通断测量(保险、导线、表计电流回路等)应档位量程选择正确、接线正确、测量正确、结果判断正确
(1)档位量程不正确每项扣 5 分
(2)接线不正确每项扣 5 分
(3)测量不正确每项扣 5 分
(4)结果判断不正确扣 5 分</td><td>20</td></tr>
<tr><td colspan="3">5. 电压测量应档位量程选择正确、接线正确、测量正确，读数保留整数位
(1)档位量程不正确每项扣 7 分
(2)接线不正确每项扣 6 分
(3)测量不正确每项扣 6 分
(4)读数不正确扣 6 分</td><td>25</td></tr>
<tr><td colspan="3">6. 电流测量应档位量程选择正确、接线正确、测量正确，读数保留两位小数点
(1)档位量程不正确每项扣 5 分
(2)接线不正确每项扣 5 分
(3)测量不正确每项扣 5 分
(4)读数不正确扣 5 分</td><td>20</td></tr>
<tr><td>3</td><td>工作终结</td><td colspan="3">1. 清理工作现场
(1)未清理扣 5 分
(2)清理不彻底每处扣 1 分</td><td>5</td><td></td></tr>
<tr><td colspan="2">总分</td><td colspan="5"></td></tr>
<tr><td colspan="2">备注</td><td colspan="5">在规定时间内未完成，每超过 5 分钟扣 5 分</td></tr>
</table>

考评员签字： 考评日期： 年 月 日

“居民用户违约用电查处”技能口述、笔试试题卡（初级工 006）

姓名： **准考证号：** **得分：**

任务描述

请根据所学内容，写出居民用户违约用电查处全过程，并从以下三个方面进行回答。

（1）工作前准备。

（2）工作过程。

（3）工作终结。

“居民用户违约用电查处”技能口述、笔试评分标准（初级工 006）

姓名： **准考证号：** **得分：**

参考答案及评分要点

1. 工作前准备（13 分）

（1）准备照相机（1 分）、录音笔（1 分）。

（2）主动出示（佩戴）有效工作证件（2 分）。

（3）应穿着工作服（1 分）、绝缘鞋（1 分），戴绝缘手套（1 分）。

（4）检查前应先查阅客户资料（纸质资料或 186 系统资料）：供用电合同、客户用电变更记录、客户缺陷隐患记录等（6 分）。

2. 工作过程（80 分）

（1）查看是否私自改变用电类别（8 分）。

（2）查看是否私自超过合同约定的容量用电（8 分）。

（3）查看是否私自迁移或更动供电企业的用电计量装置（4 分）、信息采集装置（4 分）。

(4) 查看是否私自引入(3 分)或供出电源(3 分)或将其他电源私自并网(2 分)。

(5) 查看是否擅自使用已在供电企业办理暂停手续的计量装置(8 分)。

(6) 保护好现场(1 分),对违约设备进行照相(1 分)、录音(1 分)、登记以取得有效证据(1 分)。

(7) 检查人员和客户代表双方在现场的取证材料《客户违约用电查处取证记录表》上签名确认(2 分),一份交客户存留(1 分),另一份由用电检查人员收回存档作跟踪处理(1 分)。

(8) 开具《客户违约用电、窃电通知书》(3 分)交客户签收(2 分),耐心向客户解释说明违约款项(2 分)。

(9) 按客户违约用电款项(4 分),依据《供电营业规则》第一百条规定做相应的现场处理(4 分)。

(考评员提问,任选 ab 其中之一共 7 分)

a. 客户私自超过合同约定的容量用电的,依据《供电营业规则》第一百条规定,现场应如何处理?答:依据《供电营业规则》第一百条第二款(3 分),应拆除私增容设备(2 分)。若用户要求继续使用,按新装增容办理手续(2 分)。

b. 客户私自引入或供出电源违约用电的,依据《供电营业规则》第一百条规定,现场应如何处理?答:依据《供电营业规则》第一百条第六款(3 分),应立即拆除引入或供出电源(4 分)。

(10) 填写《违约用电、窃电处理工作单》(2 分)及《缴费通知单》(2 分),计算确定应追补电费(2 分)和违约使用电费(2 分)。

(11) 再次到客户处送达《缴费通知单》(1 分),交客户签收(1 分)。

3. 工作终结(7 分)

(1) 确认已交付追补电费(1 分)和违约使用电费(1 分)。

(2) 将《用电检查结果通知书》(1 分)、《违约用电、窃电处理工作单》(1 分)、《缴费通知单》(1 分)、《客户违约用电查处取证记录表》(1 分)、影像资料整理归档(1 分)。

考评员签字:　　　　　　　　　　　　　考评日期:　　年　　月　　日

“小动力用户违约用电查处”
技能口述、笔试试题卡（初级工 007）

姓名： **准考证号：** **得分：**

任务描述

各位考生根据所学内容，写出小动力用户违约用电查处全过程，并从以下三个方面进行回答。

（1）工作前准备。

（2）工作过程。

（3）工作终结。

“小动力用户违约用电查处”
技能口述、笔试评分标准（初级工 007）

姓名： **准考证号：** **得分：**

参考答案及评分要点

1. 工作前准备（10 分）

（1）准备照相机（1 分）、录音笔（1 分）。

（2）主动出示（佩戴）有效工作证件（1 分）。

（3）应穿着工作服（1 分）、绝缘鞋（1 分），戴绝缘手套（1 分）。

（4）查阅客户资料（纸质资料或 186 系统资料）：供用电合同、客户缺陷隐患记录等（4 分）。

2. 工作过程（83 分）

（1）查看是否私自改变用电类别（8 分）。

（2）查看是否私自超过合同约定的容量用电（9 分）。

（3）查看是否私自迁移（2 分）、更动（2 分）和擅自（2 分）操作供电企业的用电计量装置（2 分）、电力负荷管理装置（2 分）、供电设施（2 分）。

(4) 查看是否私自引入(3分)或供出电源(3分)或将其他电源私自并网(2分)。

(5) 查看是否擅自使用已在供电企业办理暂停手续的电力设备(4分)或启用供电企业封存的电力设备(4分)。

(6) 保护好现场(1分),对违约设备进行照相(1分)、录音(1分)、登记以取得有效证据(1分)。

(7) 检查人员和客户代表双方在现场的取证材料《客户违约用电查处取证记录表》上签名确认(1分),一份交客户存留(1分),另一份由用电检查人员收回存档作跟踪处理(1分)。

(8) 开具《客户违约用电、窃电通知书》(2分)交客户签收(2分),耐心向客户解释说明违约款项(2分)。

(9) 按客户违约用电款项(4分),依据《供电营业规则》第一百条规定做相应的现场处理(4分)。

(考评员提问,任选a、b其中一项,共7分)

a. 客户私自超过合同约定的容量用电的,依据《供电营业规则》第一百条规定,现场应如何处理?答:依据《供电营业规则》第一百条第二款(3分),应拆除私增容设备(2分)。若用户要求继续使用,按新装增容办理手续(2分)。

b. 客户私自引入或供出电源违约用电的,依据《供电营业规则》第一百条规定,现场应如何处理?答:依据《供电营业规则》第一百条第六款(3分),应立即拆除引入或供出电源(4分)。

(10) 填写《违约用电、窃电处理工作单》(2分)及《缴费通知单》(2分),计算确定应追补电费(2分)和违约使用电费(2分)。

(11) 再次到客户处送达《缴费通知单》(1分),交客户签收(1分)。

3. 工作终结(7分)

(1) 确认已交付追补电费(1分)和违约使用电费(1分)。

(2) 将《用电检查结果通知书》(1分)、《违约用电、窃电处理工作单》(1分)、《缴费通知单》(1分)、《客户违约用电查处取证记录表》(1分)、影像资料整理归档(1分)。

考评员签字: 考评日期: 年 月 日

“电力业务费账务处理”技能操作任务单（初级工 008）

姓名：　　　　　　**准考证号：**　　　　　　　　　　**得分：**

一、任务描述

某用电客户（用户编号为×××）因为窃电来到营业厅缴纳违约使用电费，由于收费员操作失误，误将违约使用电费 500 元交到该客户日常用电的账户中，请完成以下两项任务。

（1）请将该笔电费冲正，并按照正确的业务费收取流程进行收费，流程里应做完实收审核。

（2）填写现金缴款单，其中供电单位为×××省电力有限公司×××供电公司，收费号编号为考生考号，收费员名称为考生姓名。

二、考核方式

实操（技能操作）。

三、标准用时

30 分钟。

“电力业务费账务处理”技能操作准备通知单（初级工 008）

一、场地位置及要求

（1）考场应设在具备内网条件的专用机房或实训室。

（2）考场要求设置考核人员桌椅。

二、工器具及材料要求

（1）内网机：1 台。

（2）A4 纸：1 张。

（3）打印机：1 台。

(4) 银行空白现金缴款单：1张。

(5) 答题纸：1张。

(6) 黑色签字笔：1支。

三、其他要求

(1) 需两人配合操作。

(2) 186系统测试库中需有一电力用户，并收费500元，且未解款。

(3) 186系统测试库中需提供一个工号及密码，并对应电费和业务费坐收权限、冲正及解款权限、实收审核权限等。

"电力业务费账务处理"
技能操作数据记录表（初级工008）

姓名： **准考证号：** **得分：**

现金缴款单

供电单位	收费员编号	收费员名称	解款银行	解款银行账号	解款记录编号	解款时间	解款笔数	解款金额

“电力业务费账务处理”操作评分记录表（初级工 008）

操作评分记录表

<table>
<tr><td colspan="2">姓名</td><td></td><td>准考证号</td><td></td><td>工作单位</td><td colspan="3"></td></tr>
<tr><td colspan="2">标准用时</td><td>15 min</td><td>累计用时</td><td colspan="5">点 分 ～ 点 分</td></tr>
<tr><td>序号</td><td>项目</td><td colspan="5">评分标准(满分为 100 分)</td><td>配分</td><td>得分</td></tr>
<tr><td>1</td><td>工作前准备</td><td colspan="5">1. 着装应符合《供电服务规范》要求
(1)未穿工作服装扣 3 分
(2)未佩戴工作牌扣 2 分</td><td>5</td><td></td></tr>
<tr><td rowspan="5">2</td><td rowspan="5">工作过程</td><td colspan="5">1. 186 系统中发起冲正流程
(1)冲正类型、冲正原因、冲正金额错误每项扣 10 分</td><td>30</td><td rowspan="5"></td></tr>
<tr><td colspan="5">2. 186 系统中收取业务费
(1)用户编号、金额、结算方式填写错误每项扣 5 分</td><td>15</td></tr>
<tr><td colspan="5">3. 业务费坐收解款
(1)解款银行错误扣 5 分
(2)未生成并发送交接单扣 5 分</td><td>10</td></tr>
<tr><td colspan="5">4. 实收审核
(1)审核错误扣 10 分</td><td>10</td></tr>
<tr><td colspan="5">5. 填写现金缴款单
(1)未正确填写供电单位扣 5 分
(2)未正确填写收费员编号扣 5 分
(3)未正确填写收费员名称扣 5 分
(4)未正确填写解款人银行、银款银行账号扣 5 分
(5)未正确填写解款记录编号、解款时间、解款笔数、解款金额各扣 5 分</td><td>25</td></tr>
<tr><td>3</td><td>工作终结</td><td colspan="5">1. 清理工作现场
(1)清理不彻底扣 5 分</td><td>5</td><td></td></tr>
<tr><td colspan="2">总分</td><td colspan="7"></td></tr>
<tr><td colspan="2">备注</td><td colspan="7">在规定时间内未完成，每超过 5 分钟扣 5 分</td></tr>
</table>

考评员签字： 考评日期： 年 月 日

“网上国网智能交费业务开通、自动交费（电费代扣）业务流程说明”技能口述、笔试试题卡（初级工 009）

姓名：　　　　　　准考证号：　　　　　　　　　　得分：

任务描述

应用网上国网 APP 开通智能交费业务并说明自动交费（电费代扣）业务具体流程。

（1）正确下载、安装网上国网 APP。

（2）注册并登录网上国网 APP。

（3）进行户号绑定。

（4）开通网上国网 APP 智能交费业务。

（5）说明网上国网开通自动交费（电费代扣）业务具体流程。

（6）正确解绑用户编号。

“网上国网智能交费业务开通、自动交费（电费代扣）业务流程说明”技能口述、笔试评分标准（初级工 009）

姓名：　　　　　　准考证号：　　　　　　　　　　得分：

参考答案及评分要点

1. 正确下载、安装网上国网 APP（10 分）

（1）进入应用商店，找到网上国网 APP 进行下载。

（2）安装网上国网 APP。

2. 注册并登录网上国网 APP（10 分）

（1）安装完毕，注册网上国网 APP 账号。

（2）输入用户名、密码或使用短信验证码成功登录网上国网 APP。

3. 进行户号绑定（20 分）

点击“我的”，进入户号管理界面，点击“户号管理”，点击“绑定户号”。

4. 开通网上国网 APP 智能交费业务（20 分）

（1）在 APP 首页进入“更多”界面，进入“全部功能”界面，进入“智能交费签约”界面。

（2）应用指定户号开通智能交费业务，填写相应客户信息进行智能交费签约。

5. 说明网上国网开通自动交费（电费代扣）业务具体流程（30 分）

（1）进入“更多→全部功能→交费→自动交费”界面，点击“自动交费”按钮进入“代扣签约”页面。

（2）选择交费地区，填写客户编号。

（3）点击“立即开通”。

（4）点击“添加银行卡”。

（5）勾选“我同意《自动交费服务协议》”。

（6）点击“立即开通”，完成自动交费业务。

6. 正确解绑用户编号（10 分）

点击“我的”，进入“户号管理”界面，在相应户号上向左滑动进行解绑；或点击对应户号进入“户号详情”页，点击“解除绑定”按钮进行户号解绑。解绑完毕后退出登录。

考评员签字：　　　　　　　　　　　　　　考评日期：　　年　　月　　日

“使用网上国网 APP 查询信息、交费及密码找回”技能口述、笔试试题卡（初级工 010）

姓名：　　　　　　　**准考证号：**　　　　　　　　　　**得分：**

任务描述

使用网上国网 APP 查询信息、交费及密码找回。

（1）正确下载、安装网上国网 APP。

（2）注册并登录网上国网 APP。

（3）进行户号绑定。

（4）使用网上国网 APP 进行信息查询及交费服务。

（5）找回网上国网 APP 密码。

（6）正确解绑用户编号。

“使用网上国网 APP 查询信息、交费及密码找回”技能口述、笔试评分标准（初级工 010）

姓名： **准考证号：** **得分：**

参考答案及评分要点

1. 正确下载安装网上国网 APP（10 分）

（1）进入应用商店，找到网上国网 APP 进行下载。

（2）安装网上国网 APP。

2. 注册并登录网上国网 APP（10 分）

（1）安装完毕，注册网上国网 APP 账号。

（2）输入用户名、密码或使用短信验证码成功登录网上国网 APP。

3. 进行户号绑定（15 分）

点击“我的”，进入户号管理界面，点击“户号管理”，点击“绑定户号”。

4. 使用网上国网 APP 进行信息查询及交费服务（30 分）

（1）进入“电量电费”信息查询界面，进行电量电费查询。

（2）在首页点击“去交费”按钮或在“电量电费”查询界面下方点击“交电费”按钮，选择相应户号进行交电费。

5. 找回网上国网 APP 密码（20 分）

通过网上国网 APP 登录界面，点击“忘记密码”按钮进行密码找回或重新设置密码。

6. 正确解绑用户编号（15 分）

点击“我的”，进入“户号管理”界面，在相应户号上向左滑动进行解绑；或点击对应户号进入“户号详情”页，点击“解除绑定”按钮进行户号解绑。解绑完毕后退出登录。

考评员签字： 考评日期： 年 月 日

七、抄表核算收费员
中级工

“100 kW 以下一般工商业用户电费计算”技能口述、笔试试题卡（中级工 001）

姓名：　　　　　　准考证号：　　　　　　　　　　　得分：

任务描述

某居民小区一餐馆 380 V 供电，用电设备容量为 60 kW。已知该户抄表例日为每月 10 日，2017 年 2 月 10 日和 3 月 10 日电能表抄见示数分别为 68007 kW·h、68866 kW·h，倍率为 20 倍，求该用户 3 月电费（电费保留两位小数点）。

电价可参见《河北省北部电网销售电价表》。

“100 kW 以下一般工商业用户电费计算”技能口述、笔试评分标准（中级工 001）

姓名：　　　　　　准考证号：　　　　　　　　　　　得分：

参考答案及评分要点

1. 电价依据（40 分）

根据《河北省物价局关于落实峰谷分时电价有关事项的通知》要求，商场（含商业综合体）、超市、餐饮店（馆）和宾馆用户（自愿选择实行峰谷分时电价的用户除外）暂不实行峰谷分时电价。它们的用电性质属于商业用电，执行“工商业及其他用电”中“单一制”的“不满 1 千伏”平段电价 0.5342 元/（kW·h）。

2. 总用电量（30 分）

总用电量＝（68866－68007）×20＝859×20＝17180（kW·h）。

3. 3 月电费（30 分）

3 月电费＝总用电量×电度电价＝17180×0.5342＝9177.56（元）。

考评员签字：　　　　　　　　　　　　考评日期：　　年　　月　　日

"变更用电的基本电费计算"
技能口述、笔试试题卡（中级工 002）

姓名： **准考证号：** **得分：**

任务描述

10 kV 工业用电，新装了容量为 315 kVA 的变压器，于 2019 年 3 月 2 日投入运行后，又于本年 6 月 9 日增装一台 720 kVA 变压器。求 3 月份及 6 月份应收取客户基本电费（抄表例日为每月 1 日）。

电价可参见《河北省北部电网销售电价表》。

"变更用电的基本电费计算"
技能口述、笔试评分标准（中级工 002）

姓名： **准考证号：** **得分：**

参考答案及评分要点

1. 3 月基本电费（40 分）

3 月基本电费＝315×23.3＝7339.5（元）。

2. 6 月基本电费（60 分）

6 月份基本电费$=315\times23.3+\frac{(30-9+1)}{30}\times720\times23.3=19641.90$（元）。

考评员签字： 考评日期： 年 月 日

“高压一般工商业用户电费核算”技能口述、笔试试题卡（中级工 003）

姓名： **准考证号：** **得分：**

任务描述

已知某 10 kV 高压供电高铁站，受电变压器容量合计为 1430 kVA，计量方式为高供高计，电流互感器变比为 400/5，电压互感器变比为 10000/100，电能表电量抄见示数分别为：有功总示数起码为 230.75，止码为 234.85；有功峰示数起码为 111.70，止码为 113.33；有功谷示数起码为 57.84，止码为 58.91；正向无功总示数起码为 6.7，止码为 6.94；反向无功总示数起码为 25.12，止码为 25.6。供电公司应收该用户当月电费为多少？其中电度电费、功率因数调整电费分别是多少？（电量保留至整数，电费保留两位小数点）

电价可参见《河北省北部电网销售电价表》。

“高压一般工商业用户电费核算”技能口述、笔试评分标准（中级工 003）

姓名： **准考证号：** **得分：**

参考答案及评分要点

1. 电价依据（20 分）

根据《国家电网公司关于落实铁路电价有关政策的通知》（国家电网财〔2017〕951 号），对铁路、医院、部队、学校、党政机关部门（国家财政拨款的）等用电不执行峰谷分时电价。该户执行非工业电价，不执行分时，电费按总时段电量计费。

2. 综合倍率（10 分）

综合倍率$=\frac{400}{5}\times\frac{10000}{100}=8000$。

3. 抄见有功总电量（10 分）

抄见有功总电量＝（234.85－230.75）×8000＝32800（kW·h）。

4. 抄见无功总电量（15 分）

抄见正向无功电量：（6.94－6.7）×8000＝1920（kvar·h）。

抄见反向无功电量：（25.6－25.12）×8000＝3840（kvar·h）。

抄见无功总电量：1920＋3840＝5760（kvar·h）。

5. 电度电费（10 分）

电度电费＝总表结算电量×电度电价＝32800×0.5192＝17029.76（元）。

6. 功率因数调整电费（15 分）

（1）功率因数$=\dfrac{\text{有功电量}}{\sqrt{\text{有功电量}^2+\text{无功电量}^2}}$

$$=\frac{32800}{\sqrt{32800^2+5760^2}}=0.98。$$

（2）该户力调标准为 0.85，该户实际功率因数为 0.98，根据《功率因数调整电费表》得电费调整率为－1.1%。

目录电度电价＝0.5192－0.001968－0.0031－0.019＝0.495132（元/（kW·h））

（3）功率因数调整电费＝32800×0.495132×（－1.1%）＝－178.64（元）。

7. 当月电费（20 分）

当月电费＝17029.76－178.64＝16851.12（元）。

考评员签字： 考评日期： 年 月 日

“单相表电量异常处理”技能操作任务单（中级工 004）

姓名：　　　　　　**准考证号：**　　　　　　　　　　**得分：**

一、任务描述

请对某电量异常的单相电能表进行测量，正确排查异常原因，并计算追补电费。

二、考核方式

实操（技能操作）。

三、标准用时

60 分钟。

四、注意事项

(1) 应正确佩戴安全帽、手套，穿工作服、绝缘鞋。

(2) 应装设围栏（遮栏），悬挂“止步，高压危险”警示牌。

(3) 应正确进行三步法验电。

(4) 注意操作者与带电设备保持足够的安全距离。

“单相表电量异常处理”技能操作准备通知单（中级工 004）

一、场地位置及要求

(1) 考场应设在室内电能表计量箱处。

(2) 考场要求设置考核人员桌椅。

二、工器具及材料要求

(1) 低压验电器：1 台。

(2) 钳形电流表：1 台。

(3) 常用工具（电工刀、一字螺丝刀）：1 套。

（4）电价表：1 份。

三、其他要求

需两人配合操作。

“单相表电量异常处理”
技能操作数据记录单（中级工 004）

姓名：　　　　　　**准考证号：**　　　　　　　　　　**得分：**

<table>
<tr><td>电能表厂商</td><td></td><td>电能表型号</td><td></td><td>电能表条码</td><td></td></tr>
<tr><td>电压值</td><td></td><td>电流值</td><td></td><td>功率</td><td></td></tr>
<tr><td>当前正向
有功总电量</td><td colspan="2"></td><td>上一月正向
有功总电量</td><td colspan="2"></td></tr>
<tr><td>当前反向
有功总电量</td><td colspan="2"></td><td>上一月反向
有功总电量</td><td colspan="2"></td></tr>
<tr><td>电能表电量
异常原因</td><td colspan="5"></td></tr>
<tr><td>查询电价</td><td colspan="5"></td></tr>
<tr><td>本月追退补
电量</td><td colspan="5"></td></tr>
<tr><td>本月追退补
电费</td><td colspan="5"></td></tr>
</table>

图 7-1　单相表电量异常处理工作单

“单相表电量异常处理”
操作评分记录表（中级工 004）

操作评分记录表

<table>
<tr><td colspan="2">姓名</td><td></td><td>准考证号</td><td></td><td>工作单位</td><td colspan="2"></td></tr>
<tr><td colspan="2">标准用时</td><td>60 min</td><td>累计用时</td><td colspan="4">点　分 ～ 　点　分</td></tr>
<tr><td>序号</td><td>项目</td><td colspan="4">评分标准(满分为 100 分)</td><td>配分</td><td>得分</td></tr>
<tr><td rowspan="2">1</td><td rowspan="2">工作前准备</td><td colspan="4">1. 主动出示(佩戴)有关证件
(1)不出示(佩戴)扣 5 分</td><td>5</td><td></td></tr>
<tr><td colspan="4">2. 穿工作服、绝缘鞋，戴安全帽、手套
(1)未按要求的扣 5 分</td><td>5</td><td></td></tr>
<tr><td rowspan="6">2</td><td rowspan="6">工作过程</td><td colspan="4">1. 试验场地装设围栏(遮栏)，悬挂“止步，高压危险”警示牌
(1)试验场地未围好围栏(遮栏)扣 5 分
(2)未悬挂警示牌扣 5 分</td><td>10</td><td></td></tr>
<tr><td colspan="4">2. 正确进行二步法验电
(1)未验电扣 10 分
(2)验电过程不正确每处扣 2 分</td><td>10</td><td></td></tr>
<tr><td colspan="4">3. 使用万用表测量表尾电压
(1)未能正确使用万用表测量表尾电压扣 5 分
(2)测得结果不正确扣 5 分</td><td>10</td><td></td></tr>
<tr><td colspan="4">4. 使用卡流表测量表尾接线电流
(1)未能正确使用卡流表测量表尾接线电流扣 5 分
(2)测得结果不正确扣 5 分</td><td>10</td><td></td></tr>
<tr><td colspan="4">7. 正确排查电能表电量异常原因
(1)未核对现场信息扣 5 分
(2)未通过电能表读数初步分析错误现象扣 5 分
(3)未判断进出线接反扣 10 分
(4)未在故障记录单上记录或记录不准确扣 5 分</td><td>25</td><td></td></tr>
<tr><td colspan="4">8. 正确计算追补电费
(1)未判断阶梯扣 5 分
(2)电价执行错误扣 5 分
(3)追退补电费计算错误扣 5 分</td><td>15</td><td></td></tr>
<tr><td>3</td><td>工作终结</td><td colspan="4">1. 清理工作现场
(1)工器具未放回原处每处扣 2 分
(2)计量箱门未关、表尾盖未扣每处扣 2 分</td><td>10</td><td></td></tr>
<tr><td colspan="2">总分</td><td colspan="6"></td></tr>
<tr><td colspan="2">备注</td><td colspan="6">在规定时间内未完成，每超过 5 分钟扣 5 分</td></tr>
</table>

考评员签字：　　　　　　　　　　　考评日期：　年　月　日

“估抄服务事件处理”技能操作任务单（中级工 005）

姓名： **准考证号：** **得分：**

一、任务描述

2018 年 8 月 5 日，居民用户刘先生电能表远程采集功能异常，且刘先生家中无人大门紧闭，无法进入现场抄表，抄表员在未与刘先生联系的情况下按前次用电量进行估抄。2018 年 8 月 10 日，刘先生由于买卖房产需办理过户，到营业厅办理过户手续并结算电费，发现电量异常，要求营业人员核实，营业厅人员立即联系抄表员现场查看电表示数。经查看，现场实际电表示数为 3577。

（1）该抄表员违反了哪些规定？

（2）计算截至 2018 年 8 月 10 日刘先生本年度应交总电费为多少？

（3）计算刘先生应退补多少电费？（居民阶梯电量分档及电价规定：第一档月用电量 180 kW·h 及以下，用电价格为 0.52 元/（kW·h）；第二档月用电量为 181 kW·h～280 kW·h，在第一档电价的基础上，每千瓦时加价 0.05 元，即 0.57 元/（kW·h）；第三档月用电量为 281 kW·h 及以上的，在第一档电价的基础上，每千瓦时加价 0.30 元，即 0.82 元/（kW·h）。电量分档以年用电量为计算周期，对于用户新装、改类、过户等情况，实际使用天数不足一年的，阶梯分档标准按实际使用月数计算，不足一个月按一个月计算。电费保留两位小数点）

二、考核方式

实操（技能操作）。

三、标准用时

30 分钟。

“估抄服务事件处理”
技能操作准备通知单（中级工 005）

一、场地位置及要求

考场应设在具备内网条件的专用机房或实训室。

二、工器具及材料要求

（1）答题纸：3 张。

（2）黑色签字笔：1 支。

（3）计算器：1 个。

（4）电价表：1 份。

“估抄服务事件处理”
技能操作数据记录表（中级工 005）

姓名： **准考证号：** **得分：**

电量、电费明细

抄表日期	上次抄表示数	本次抄表示数	抄见电量/kW·h	计算电费/元	账户余额/元
2018.02.05	2020	2495	475	247	726
2018.04.05	2495	2977	482	250.64	475.36
2018.06.05	2977	3447	470	244.4	230.96
2018.08.05	3447	3917	470	244.4	−13.44

“估抄服务事件处理”
操作评分记录表（中级工 005）

操作评分记录表

<table>
<tr><td colspan="2">姓名</td><td></td><td>准考证号</td><td></td><td>工作单位</td><td colspan="2"></td></tr>
<tr><td colspan="2">标准用时</td><td>20 min</td><td>累计用时</td><td colspan="4">点　　分　～　　点　　分</td></tr>
<tr><td>序号</td><td>项目</td><td colspan="4">评分标准(满分为 100 分)</td><td>配分</td><td>得分</td></tr>
<tr><td rowspan="2">1</td><td rowspan="2">工作前准备</td><td colspan="4">1. 主动出示(佩戴)有关证件
(1)不出示(佩戴)扣 5 分</td><td>5</td><td rowspan="2"></td></tr>
<tr><td colspan="4">2. 戴安全帽，穿工作服、绝缘鞋
(1)未按要求的扣 5 分</td><td>5</td></tr>
<tr><td rowspan="6">2</td><td rowspan="6">工作过程</td><td colspan="4">1. 违反的相关规定
(1)依据《国家电网公司电费抄核收管理规则》第十四条：严格按规定的抄表周期和抄表例日准确抄录客户用电计量装置记录的数据。严禁违章抄表作业，不得估抄、漏抄、代抄。确因特殊情况不能按期抄表的，应及时采取补抄措施
(2)依据《国家电网公司电费抄核收管理规则》第二十一条第六款：因客户原因未能如期抄表时，应通知客户待期补抄并按合同约定或有关规定计收电费。抄表员应设法在下一抄表日到来前完成补抄</td><td>20</td><td rowspan="6"></td></tr>
<tr><td colspan="4">2. 居民用户阶梯分档电量标准
(1)用户结算电费时，现场电表示数为：3577
(2)根据电量电费明细，上次实际抄表日(6 月 5 日)至用户结算当日实际所用电量为：3577－3447＝130(kW·h)
(3)截至用户结算当日，2018 年全年累计用电量为 475＋482＋470＋130＝1557(kW·h)
(4)因过户，该用户 2018 年实际累计阶梯电价第一档标准为：180×8＝1440(kW·h)，第二档标准为 280×8＝2240(kW·h)
(5)由于 1440(kW·h)＜1557(kW·h)＜2240(kW·h)，因此 1557－1440＝117(kW·h)执行第二档标准每千瓦时 0.57 元</td><td>25</td></tr>
<tr><td colspan="4">3. 应交电费
(1)一档电费：1440×0.52＝748.8(元)，二档电费：117×0.57＝66.69(元)
(2)应交电费：748.8＋66.69－815.49(元)</td><td>10</td></tr>
<tr><td colspan="4">4. 实交电费
(1)实交电费：247＋250.64＋244.4＋244.4＝986.44(元)</td><td>10</td></tr>
<tr><td colspan="4">5. 多交电费
(1)多交电费：986.44－815.49＝170.95(元)</td><td>10</td></tr>
<tr><td colspan="4">6. 应退电费
(1)应退电费：170.95－13.44＝157.51(元)</td><td>10</td></tr>
<tr><td>3</td><td>工作终结</td><td colspan="4">1. 清理工作现场
(1)清理不彻底扣 5 分</td><td>5</td><td></td></tr>
<tr><td colspan="2">总分</td><td colspan="6"></td></tr>
</table>

考评员签字：　　　　　　　　　　　　　　　　考评日期：　　年　　月　　日

“临时用电电费计算”
技能操作任务单（中级工 006）

姓名：　　　　　　准考证号：　　　　　　　　　　得分：

一、任务描述

2018 年 3 月 28 日，营业厅业务受理人员小李接待一名办理市政管廊施工临时用电的客户，客户申请 2018 年 4 月 1 日开始用电，2018 年 10 月 31 日结束，每天用电时间 16 小时。现场设备有 22 kW 电动机三台。由于现场不具备装表条件，受理人员小李根据客户需求计算出相应临时用电电费，预收全部电费后，立即启动流程并将客户资料转至下一环节。2018 年 6 月 17 日客户再次来到营业厅找到小李，称工程即将结束，申请于 2018 年 6 月 20 日终止用电，询问小李是否可以退还未使用日期剩余的电费，小李给予了否定回答。客户表示还需要办理另一基建工地三班制临时用电，现场设备如下：15 kW 电焊机三台；8 kW 电动机三台，使用时间为 2018 年 7 月 1 日至 2018 年 9 月 30 日。小李立即为客户办理手续并预收全部电费。

（1）《供电营业规则》规定哪些客户可供给临时电源？

（2）针对客户第一次办理的市政管廊工程，业务受理人员小李违反了哪些规定？

（3）客户第二次办理的临时用电应预收多少电费？

（4）若客户的基建工地工程申请 2018 年 8 月 9 日终止用电，则该基建工地工程临时用电最终应收取多少电费？（一般工商业电价为 0.7173 元/（kW·h）；计算结果保留两位小数点）

二、考核方式

实操（技能操作）。

三、标准用时

30 分钟。

“临时用电电费计算”
技能操作准备通知单（中级工 006）

一、场地位置及要求

考场应设在培训中心实训室

二、工器具及材料要求

（1）答题纸：3 张。

（2）电价表：1 份。

（3）黑色签字笔：1 支。

（4）计算器：1 个。

“临时用电电费计算”
操作评分记录表（中级工 006）

操作评分记录表

<table>
<tr><td colspan="2">姓名</td><td></td><td>准考证号</td><td></td><td>工作单位</td><td colspan="3"></td></tr>
<tr><td colspan="2">标准用时</td><td>30 min</td><td>累计用时</td><td colspan="5">点　　分　～　　点　　分</td></tr>
<tr><td>序号</td><td>项目</td><td colspan="5">评分标准(满分为 100 分)</td><td>配分</td><td>得分</td></tr>
<tr><td>1</td><td>工作前准备</td><td colspan="5">1. 着装应符合《供电服务规范》要求
(1)着装不符合规范要求扣 3 分
(2)未主动出示(佩戴)有关证件扣 2 分</td><td>5</td><td></td></tr>
</table>

续表

<table>
<tr><td colspan="2">姓名</td><td colspan="2"></td><td>准考证号</td><td></td><td>工作单位</td><td></td></tr>
<tr><td colspan="2">标准用时</td><td colspan="2">30 min</td><td>累计用时</td><td colspan="3">点　　分 ～ 　　点　　分</td></tr>
<tr><td>序号</td><td>项目</td><td colspan="4">评分标准(满分为 100 分)</td><td>配分</td><td>得分</td></tr>
<tr><td rowspan="4">2</td><td rowspan="4">工作
过程</td><td colspan="4">1. 临时电源的使用范围
(1)根据《供电营业规则》第十二条规定:对基建工地、农田水利、市政建设等非永久性临时用电,可供给临时电源</td><td>10</td><td rowspan="4"></td></tr>
<tr><td colspan="4">2. 业务受理人员小李违反的规定
(1)《供电营业规则》第十二条规定:临时用电期限除经供电企业准许外,一般不得超过六个月,逾期不办理延期或永久性正式用电手续,供电企业应终止供电
(2)《供电营业规则》第八十七条规定:临时用电用户未装用电计量装置的,供电企业应根据其用电容量,按双方约定的每日使用时数和使用期限预收全部电费。用电终止时,如实际使用时间不足约定期限二分之一的,可退还预收电费的二分之一;超过约定期限二分之一的,预收电费不退;到约定期限时得终止供电
(3)《国家发展改革委办公厅关于取消临时接电费和明确自备电厂有关收费政策的通知》(发改办价格〔2017〕1895 号)规定:取消临时接电费。自 2017 年 12 月 1 日起,临时用电的电力用户不再缴纳临时接电费</td><td>30</td></tr>
<tr><td colspan="4">3. 预收电费
(1)使用时间为 2018 年 7 月 1 日至 2018 年 9 月 30 日,合计天数:31+31+30=92(天)
(2)电焊机容量为 15×3=45(kW),电动机容量为 8×3=24(kW),三班制为 24 小时
预收电费为:45×0.5×24×92×0.7173=35635.46(元)
24×0.8×24×92×0.7173=30408.93(元)
35635.46+30408.93=66044.39(元)
或(45×0.5+24×0.8)×24×92×0.7173=66044.39(元)</td><td>30</td></tr>
<tr><td colspan="4">4. 客户第二次办理临时用电最终应收取电费
(1)由于客户 2018 年 8 月 9 日终止用电,实际使用天数少于约定期限的二分之一,可退还预收电费的二分之一
(2)最终应收电费:66044.39÷2=33022.20(元)</td><td>20</td></tr>
<tr><td>3</td><td>工作
终结</td><td colspan="4">1. 清理工作现场
(1)清理不彻底扣 5 分</td><td>5</td><td></td></tr>
<tr><td colspan="2">总分</td><td colspan="6"></td></tr>
</table>

考评员签字:　　　　　　　　　　考评日期:　　年　　月　　日

“网上国网高压用户增值税信息变更申请”技能口述、笔试试题卡（中级工007）

姓名： **准考证号：** **得分：**

任务描述

应用网上国网APP说明增值税信息申请变更的具体流程。

(1) 正确下载、安装网上国网APP。

(2) 注册并登录网上国网APP。

(3) 进行户号绑定。

(4) 申请变更增值税信息。

(5) 正确解绑用户编号。

“网上国网高压用户增值税信息变更申请”技能口述、笔试评分标准（中级工007）

姓名： **准考证号：** **得分：**

参考答案及评分要点

1. 正确下载安装网上国网APP（10分）

(1) 进入应用商店，找到网上国网APP进行下载。

(2) 安装网上国网APP。

2. 注册并登录网上国网APP（10分）

(1) 安装完毕，注册网上国网APP账号。

(2) 输入用户名、密码或使用短信验证码成功登录网上国网APP。

3. 进行户号绑定（10分）

点击“我的”，进入户号管理界面，点击“户号管理”，点击“绑定户号”进行绑定工作。

4. 成功申请变更增值税信息（56 分）

（1）首页点击“更多”，进入界面后点击“全部功能（办电）”，进入“增值税变更”界面。

（2）选择要进行增值税信息变更的用电户号。

（3）根据客户信息表，填写变更发票信息。

（4）勾选“阅读并确认《增值税用户变更业务办理须知》”。

（5）根据客户信息表，填写企业信息。

（6）上传营业执照、机构代码证、授权委托书。

（7）根据客户信息表，填写申请人信息。

（8）进行正确签名，点击“提交”按钮，进行变更申请提交。

5. 正确解绑用户编号（14 分）

点击“我的”，进入户号管理界面，点击“户号管理”，在相应户号上向左滑动进行解绑，或点击对应户号进入“户号详情”页，点击“解除绑定”按钮进行户号解绑。解绑完毕后退出登录。

考评员签字： 考评日期： 年 月 日

“95598 智能互动网站用电服务业务开通、信息订阅与用电查询”技能口述、笔试试题卡（中级工 008）

姓名： 准考证号： 得分：

任务描述

登录 95598 智能互动网站、开通用电服务业务，订阅、退订、取消退订欠费通知短信，查询账户余额和电量电费情况。

“95598 智能互动网站用电服务开通、信息订阅与用电查询”技能口述、笔试评分标准（中级工 008）

姓名： **准考证号：** **得分：**

参考答案及评分要点

1. 登录 95598 智能互动网站（10 分）

（1）进入 95598 官方网站。

（2）用指定账号、密码成功登录 95598 网站。

2. 开通用电服务业务（20 分）

（1）进入“网上营业厅”界面。

（2）选择正确的供电单位。

（3）选择开通指定客户编号的用电服务。

（4）输入用电查询密码，进行业务开通。

3. 订阅、退订和取消退订欠费通知短信（30 分）

（1）欠费通知短信无须单独订阅，开通智能交费业务后即订阅成功。

（2）在收到欠费通知短信后回复“td”即完成退订工作（不建议用户进行此操作）。

（3）欠费通知短信退订后，可通过发送“qxtd”进行取消退订。

4. 查询账户余额信息和电量电费情况（32 分）

（1）点击“用电查询”，进入页面后，点击“账户余额查询”，查询预存电费情况。

（2）点击“用电查询”，进入页面后，点击“账户余额查询”，查询实时可用余额、可用余额截止日期。

（3）点击“用电查询”，进入页面后，点击“账户余额查询”，查询最近一次用电量、电费情况。

（4）点击“用电查询”，进入页面后，点击“账户余额查询”，查询用电分类。

5. 退出 95598 网站登录（8 分）

退出 95598 网站登录，确保信息安全。

考评员签字： 考评日期： 年 月 日

“大工业客户电费违约金计算”技能操作任务单（中级工 009）

姓名：　　　　　　　　准考证号：　　　　　　　　　　　　　得分：

一、任务描述

某大工业客户 2017 年 10 月电费已结清，2017 年 11 月新发生电费 200 000 元，供用电合同约定交费日期为每月 30 日前。该客户 2018 年 1 月 15 日才到供电企业交纳以上电费。计算该客户应交纳电费违约金多少元。

二、考核方式

实操（技能操作）。

三、标准用时

30 分钟。

“大工业客户电费违约金计算”技能操作准备通知单（中级工 009）

一、场地位置及要求

（1）考场应设在具备内网条件的专用机房或实训室。

（2）考场要求设置考核人员桌椅。

二、工器具及材料要求

（1）答题纸：3 张。

（2）黑色签字笔：1 支。

（3）科学计算器：1 个。

（4）电价表：1 份。

“大工业客户电费违约金计算”操作评分记录表（中级工009）

操作评分记录表

<table>
<tr><td colspan="2">姓名</td><td></td><td>准考证号</td><td></td><td>工作单位</td><td></td></tr>
<tr><td colspan="2">标准用时</td><td>30 min</td><td>累计用时</td><td colspan="3">点　分～　点　分</td></tr>
<tr><td>序号</td><td>项目</td><td colspan="3">评分标准(满分为100分)</td><td>配分</td><td>得分</td></tr>
<tr><td>1</td><td>工作前准备</td><td colspan="3">1. 主动出示(佩戴)有关证件
(1)不出示(佩戴)扣5分
2. 戴安全帽，穿工作服、绝缘鞋
(1)未按要求的扣5分</td><td>10</td><td></td></tr>
<tr><td rowspan="3">2</td><td rowspan="3">工作过程</td><td colspan="3">1. 执行标准
(1)依据《供电营业规则》有关规定，客户在供电企业规定的期限内未交清电费时应承担电费滞纳的违约责任
(2)违约金计算时间为从逾期之日起至交纳日止
(3)除居民外，其他用户违约金计算规定为：当年欠费部分，每日按欠费总额的千分之二计算；跨年度欠费部分，每日按欠费总额的千分之三计算</td><td>30</td><td rowspan="3"></td></tr>
<tr><td colspan="3">2. 欠费天数
(1)当年欠费天数＝31天
(2)跨年欠费天数＝15天</td><td>20</td></tr>
<tr><td colspan="3">3. 违约金计算
(1)电费违约金＝当年电费违约金＋跨年电费违约金
(2)当年电费违约金：200000×31×0.002＝12400.00(元)
(3)跨年电费违约金：200000×15×0.003＝9000.00(元)
(4)合计电费违约金：12400.00＋9000.00＝21400.00(元)</td><td>30</td></tr>
<tr><td>3</td><td>工作终结</td><td colspan="3">1. 清理工作现场
(1)清理不彻底扣5分</td><td>10</td><td></td></tr>
<tr><td colspan="2">总分</td><td colspan="5"></td></tr>
</table>

考评员签字：　　　　　　　　　　考评日期：　　年　　月　　日

“居民用户车位充电桩电费计算”技能操作任务单（中级工 010）

姓名： 准考证号： 得分：

一、任务描述

某居民用户的车位充电桩，合同容量为 7 kVA，单独装表计量。2020 年 3 月 3 日和 4 月 3 日抄表的表码分别为 160、337，倍率为 1，求该户 4 月份总代征电费、目录电度电费（不含农网还贷）、总电费（重大水利工程建设基金保留六位小数点，电费保留两位小数点。电价可参见《河北省北部电网销售电价表》）。

二、考核方式

实操（技能操作）。

三、标准用时

30 分钟。

“居民用户车位充电桩电费计算”技能操作准备通知单（中级工 010）

一、场地位置及要求

（1）考场应设在具备内网条件的专用机房或实训室。

（2）考场要求设置考核人员桌椅。

二、工器具及材料要求

（1）答题纸：3 张。

（2）黑色签字笔：1 支。

（3）科学计算器：1 个。

（4）电价表：1 份。

“居民用户车位充电桩电费计算”操作评分记录表（中级工 010）

操作评分记录表

<table>
<tr><td colspan="2">姓名</td><td></td><td>准考证号</td><td></td><td>工作单位</td><td colspan="3"></td></tr>
<tr><td colspan="2">标准用时</td><td>10 min</td><td>累计用时</td><td colspan="5">点　分 ～ 点　分</td></tr>
<tr><td>序号</td><td>项目</td><td colspan="5">评分标准(满分为 100 分)</td><td>配分</td><td>得分</td></tr>
<tr><td>1</td><td>工作前准备</td><td colspan="5">1. 着装应符合《供电服务规范》要求
(1)着装不符合规范要求扣 10 分
(2)未主动出示(佩戴)有关证件扣 5 分</td><td>15</td><td></td></tr>
<tr><td rowspan="4">2</td><td rowspan="4">工作过程</td><td colspan="5">1. 正确选择电价
(1)依据发改价格〔2014〕1668 号《国家发展改革委关于电动汽车用电价格政策有关问题的通知》或依据冀价管〔2014〕98 号《河北省物价局关于电动汽车用电价格政策有关问题的通知》，居民家庭住宅用电、居民住宅小区用电、执行居民电价的非居民用户设置的充电设施用电，执行居民用电价格中的合表用户电价，电价为每千瓦时 0.5362 元</td><td>20</td><td rowspan="4"></td></tr>
<tr><td colspan="5">2. 总代征电费计算
(1) 总代征电价＝0.001968＋0.0026＋0.0005＋0.0010＋0.02＝0.026068(元/(kW・h))
(2)总电量＝337－160＝177(kW・h)
(3)总代征电费＝总电量×总代征电价＝177×0.026068＝4.62(元)</td><td>20</td></tr>
<tr><td colspan="5">3. 目录电度电费计算
(1)目录电度电介：0.5362－0.026068＝0.510132(元/(kW・h))
(2)目录电度电费：总电量×目录电度电价＝177×0.510132＝90.29(元)</td><td>20</td></tr>
<tr><td colspan="5">4. 总电费计算
(1)总电费＝目录电度电费＋总代征电费＝90.29＋4.62＝94.91(元)</td><td>20</td></tr>
<tr><td>3</td><td>工作终结</td><td colspan="5">1. 清理工作现场
(1)清理不彻底扣 5 分</td><td>5</td><td></td></tr>
<tr><td colspan="2">总分</td><td colspan="7"></td></tr>
</table>

考评员签字：　　　　　　　　考评日期：　　年　　月　　日

“居民用户光伏发电用电量电费计算、应支付客户电费计算”技能操作任务单（中级工 011）

姓名：　　　　　　准考证号：　　　　　　　　　　　　得分：

一、任务描述

某城镇居民用户光伏发电，安装位置为屋顶，2016 年 4 月份并网，发电量消纳模式为自发自用余量上网，接入点电压为 220 V，接入点容量为 5.2 kVA，2019 年 9 月发电量为 361 kW・h，上网电量为 170 kW・h，当月该户作为用电户使用的电量为 331 kW・h，当年累计使用电量为 1390 kW・h，当年累计自发自用电量为 919 kW・h。求 2019 年 9 月份应收用户电费，以及应支付给该用户的上网电费、补贴电费和电费总金额（此户地区定为二类地区。重大水利工程建设基金保留六位小数点，电价可参见《河北省北部电网销售电价表》）。

二、考核方式

实操（技能操作）。

三、标准用时

30 分钟。

“居民用户光伏发电用电量电费计算、应支付客户电费计算”技能操作准备通知单（中级工 011）

一、场地位置及要求

（1）考场应设在具备内网条件的专用机房或实训室。

（2）考场要求设置考核人员桌椅。

二、工器具及材料要求

（1）答题纸：3 张。

（2）黑色签字笔：1支。

（3）科学计算器：1个。

（4）电价表：1份。

“居民用户光伏发电用电量电费计算、应支付客户电费计算”技能操作数据记录表（中级工011）

姓名： **准考证号：** **得分：**

分布式光伏电价表

单位：元

序号	消纳方式	燃煤发电机组脱硫标杆上网电价	国家补贴	河北省补贴	备注
1	全部自用、自发自用余电上网屋顶分布式光伏发电(2018年之前项目)	0.372	0.42	0.2	
2	全部自用、自发自用余电上网屋顶分布式光伏发电(2018年项目)	0.372	0.37	0	
3	全部自用、自发自用余电上网非屋顶分布式光伏发电(2018年之前项目)	0.372	0.42	0	
4	全部自用、自发自用余电上网非屋顶分布式光伏发电(20180101—20191031项目)	0.372	0.37	0	
5	全部自用、自发自用余电上网分布式光伏发电户用(20180630—20191031项目)	0.372	0.18	0	
6	全部自用、自发自用余电上网分布式光伏发电户用(20191101—20191231项目)	0.372	0	0	
7	全部自用、自发自用余电上网分布式光伏发电非户用(20180630之后项目)	0.372	竞价	0	
8	全部自用、自发自用余电上网分布式光伏发电户用(20200101项目)	0.372	0.08	0	
9	全部上网屋顶分布式光伏发电(2016年之前项目)	0.372	0.578	0.2	
10	全部上网屋顶分布式光伏发电(2016年项目)	0.372	0.508	0.2	
11	全部上网屋顶分布式光伏发电(2017年项目)	0.372	0.378	0.2	
12	全部上网屋顶分布式光伏发电(20180101—20180630项目)	0.372	0.278	0	
13	全部上网分布式光伏发电户用(20180630—20191031并网项目)	0.372	0.18	0	

续表

序号	消纳方式	燃煤发电机组脱硫标杆上网电价	国家补贴	河北省补贴	备注
14	全部上网分布式光伏发电户用(20191101—20191231并网项目)	0.372	0	0	
15	全部上网分布式光伏发电非户用(20180630之后并网项目)	0.372	竞价	0	
16	全部上网分布式光伏发电户用(20200101并网项目)	0.372	0.08	0	

“居民用户光伏发电用电量电费计算、应支付客户电费计算”操作评分记录表(中级工011)

操作评分记录表

姓名		准考证号		工作单位	
标准用时	10 min	累计用时	点　分 ～ 点　分		

序号	项目	评分标准(满分为100分)	配分	得分
1	工作前准备	1. 着装应符合《供电服务规范》要求 (1)着装不符合规范要扣10分 (2)未主动出示(佩戴)有关证件扣5分	15	
2	工作过程	1. 用电户 (1)依据冀价管〔2014〕167号《河北省物价局关于居民生活用电价格适用范围的通知》,居民阶梯电价暂以年用电量为计费周期,即以年度各抄表周期累计满12个月的用电量作为计算阶梯电价分档电量标准,电费采取按抄表周期预结算、年度清算方式 (2)当年累计用电量1390 kW·h应计入年阶梯累计电量,当年累计自发自用电量919 kW·h不计入年阶梯累计电量。所以年阶梯累计电量为1390(kW·h) (3)总代征电价:0.001968+0.0026+0.0005+0.0010+0.02=0.026068(元/(kW·h)) (4)目录电度电价:0.52−0.026068=0.493932(元/(kW·h)) (5)目录电度电费=总用电量×目录电度电价=331×0.493932=163.49(元) (6)总代征电费=总用电量×总代征电价=331×0.026068=8.63(元) (7)自发自用电量=361−170=191(kW·h),因为现阶段免征各项基金及附加,故自发自用电量代征电费为0 (8)应收用电户电费=163.49+8.63=172.12(元)	40	

续表

<table>
<tr><td colspan="2">姓名</td><td></td><td>准考证号</td><td></td><td>工作单位</td><td colspan="2"></td></tr>
<tr><td colspan="2">标准用时</td><td>10 min</td><td>累计用时</td><td colspan="4">点　分 ～　点　分</td></tr>
<tr><td>序号</td><td>项目</td><td colspan="4">评分标准(满分为 100 分)</td><td>配分</td><td>得分</td></tr>
<tr><td>2</td><td>工作过程</td><td colspan="4">2. 发电户
(1)依据冀价管〔2015〕252 号《河北省物价局关于光伏发电项目有关电价补贴政策的通知》,对屋顶分布式光伏发电项目(不包括金太阳示范工程),按照全电量进行电价补贴,补贴标准为每千瓦时 0.2 元,由省电网企业在转付国家补贴时一并结算。对 2015 年 10 月 1 日至 2017 年底以前建成投产的项目,自并网之日起补贴 3 年。对余量上网电量由省电网企业按照当地燃煤机组标杆上网电价结算,并随标杆上网电价的调整相应调整
(2)中央补贴电价(发电量)为每千瓦时 0.42 元
省级补贴电价(发电量)为每千瓦时 0.2 元,自并网之日起补贴 3 年,该用户补贴已到期,所以不再补贴。
上网电价(上网电量) 为每千瓦时 0.372 元
(3)中央补贴电费＝中央补贴电价×发电量＝0.42×361＝ 151.62(元)
(4)省级补贴电费＝0(元)
(5)总补贴电费＝中央补贴电费＋省级补贴电费＝151.62＋0＝151.62(元)
(6)上网电费＝上网电价×上网电量＝0.372×170＝ 63.24(元)
(7)应付发电户电费＝ 151.62＋63.24 ＝ 214.86(元)</td><td>35</td><td></td></tr>
<tr><td>3</td><td>工作终结</td><td colspan="4">1. 清理工作现场
(1)清理不彻底扣 5 分</td><td>10</td><td></td></tr>
<tr><td colspan="2">总分</td><td colspan="6"></td></tr>
</table>

考评员签字：　　　　　　　　　　考评日期：　　年　　月　　日

“峰谷多人口居民用户电费计算”技能操作任务单（中级工 012）

姓名：　　　　　　准考证号：　　　　　　　　　得分：

一、任务描述

某普通低压城镇峰谷多人口一户一表居民客户，倍率为 1，抄表周期为每月，抄表例日为4日。该户2019年9、10月电量抄见示数如下表所示。求该用户10月份使用的目录电度电费（不含农网还贷）、总代征电费、总电费（重大水利工程建设基金保留六位小数点，电价可参见《河北省北部电网销售电价表》）。

峰谷多人口居民9、10月电量抄见示数表

单位：kW·h

电量类型	9月电量抄见示数	10月电量抄见示数
正向有功总	7000	7665
正向有功峰	1919	2020
正向有功谷	5081	5644
正向有功平	0	0

二、考核方式

实操（技能操作）。

三、标准用时

30分钟。

“峰谷多人口居民用户电费计算”技能操作准备通知单（中级工012）

一、场地位置及要求

（1）考场应设在具备内网条件的专用机房或实训室。

（2）考场要求设置考核人员桌椅。

二、工器具及材料要求

（1）答题纸：3张。

（2）黑色签字笔：1支。

（3）科学计算器：1个。

（4）电价表：1份。

“峰谷多人口居民用户电费计算”操作评分记录表（中级工 012）

操作评分记录表

<table>
<tr><td colspan="2">姓名</td><td></td><td>准考证号</td><td></td><td>工作单位</td><td colspan="2"></td></tr>
<tr><td colspan="2">标准用时</td><td>10 min</td><td>累计用时</td><td colspan="4">点　分 ～ 点　分</td></tr>
<tr><td>序号</td><td>项目</td><td colspan="4">评分标准(满分为 100 分)</td><td>配分</td><td>得分</td></tr>
<tr><td>1</td><td>工作前准备</td><td colspan="4">1. 着装应符合《供电服务规范》要求
(1)着装不符合规范要求扣 3 分
(2)未主动出示(佩戴)有关证件扣 2 分</td><td>5</td><td></td></tr>
<tr><td rowspan="7">2</td><td rowspan="7">工作过程</td><td colspan="4">1. 执行标准
(1) 对于家庭常住人口在 5 人及以上的“一户一表”居民用户，可持房产证明、户口本、居委会证明和家庭所有常住人口身份证等相关材料，向当地供电企业或小区管理单位提出申请居民多人口电价。经供电企业或小区管理单位甄别后，具备分表计量的安装分表，不具备分表计量的按照合表用户电价执行。自 2012 年 7 月 1 日起执行</td><td>5</td><td rowspan="7"></td></tr>
<tr><td colspan="4">2. 总代征电价
(1)总代征电价＝0.001968＋0.0026＋0.0005＋0.0010＋0.02＝0.026068(元/(kW·h))</td><td>5</td></tr>
<tr><td colspan="4">3. 峰段、谷段目录电度电价
(1)峰段目录电度电价＝0.57－0.026068＝0.543932(元/(kW·h))
(2)谷段目录电度电价为＝0.31－0.026068＝0.283932(元/(kW·h))</td><td>10</td></tr>
<tr><td colspan="4">4. 总电量、峰段电量、谷段电量
(1)总电量＝7665－7000＝665(kW·h)
(2)峰段电量＝2020－1919＝101(kW·h)
(3)谷段电量＝665－101＝564(kW·h)</td><td>30</td></tr>
<tr><td colspan="4">5. 峰、谷段目录电度电费及总目录电度电费
(1)峰段目录电度电费＝101×0.543932＝54.94(元)
(2)谷段目录电度电费＝564×0.283932＝160.14(元)
(3)总目录电度电费＝54.94＋160.14＝215.08(元)</td><td>30</td></tr>
<tr><td colspan="4">6. 总代征电费
(1)总代征电费＝总电量×总代征电价＝665×0.026068＝17.34(元)</td><td>5</td></tr>
<tr><td colspan="4">7. 总电费
(1)总电费＝215.08＋17.34＝232.42(元)</td><td>5</td></tr>
<tr><td>3</td><td>工作终结</td><td colspan="4">1. 清理工作现场
(1)清理不彻底扣 5 分</td><td>5</td><td></td></tr>
<tr><td colspan="2">总分</td><td colspan="6"></td></tr>
</table>

考评员签字：　　　　　　　　　考评日期：　　年　　月　　日

八、抄表核算收费员高级工

“普通工业客户电能计量装置的抄读与电费计算”技能操作任务单（高级工 001）

姓名： **准考证号：** **得分：**

一、任务描述

请对模拟普通工业客户电能计量装置数据与信息进行抄读，并根据抄读数据与信息，结合给定的相关材料进行电费计算。

二、考核方式

实操（技能操作）。

三、标准用时

40 分钟。

四、注意事项

(1) 应装设围栏（遮栏），悬挂“止步，高压危险”警示牌。

(2) 注意操作者与带电设备保持足够的安全距离。

(3) 注意操作者应对接触到的设备可能带电部位进行验电。

“普通工业客户电能计量装置的抄读与电费计算”技能操作准备通知单（高级工 001）

一、场地位置及要求

(1) 考场应设在培训中心抄核收实训室或闭环实训室。

(2) 考场要求设置考核人员桌椅。

二、工器具及材料要求

(1) 考题所需的客户基本材料：1 份。

(2) 最新电价表：1 份。

(3)《功率因数调整电费表》：1 份。

(4) 验电笔（自带验电点）：1 支。

(5) 答题表格及夹板：若干。

(6) 科学计算器：1个。

(7) 线手套：2副。

“普通工业客户电能计量装置的抄读与电费计算”技能操作数据记录表（高级工001）

姓名：　　　　　　**准考证号：**　　　　　　　　　　**得分：**

<table>
<tr><td>电能表生产厂商</td><td></td><td>电能表型号</td><td></td><td>电能表规格</td><td></td></tr>
<tr><td>准确度等级常数</td><td colspan="2">有功：　　　　无功：</td><td rowspan="2">电能表编号</td><td colspan="2" rowspan="2"></td></tr>
<tr><td>常数</td><td colspan="2">有功：　　　　无功：</td></tr>
<tr><td>电压</td><td colspan="2">A相：　B相：　C相：</td><td>电流</td><td colspan="2">A相：　B相：　C相：</td></tr>
<tr><td>数据名称</td><td>当前表底数据</td><td colspan="2">上一个月表底数据</td><td colspan="2">上两个月表底数据</td></tr>
<tr><td>正向有功总</td><td></td><td colspan="2"></td><td colspan="2"></td></tr>
<tr><td>正向有功尖</td><td></td><td colspan="2"></td><td colspan="2"></td></tr>
<tr><td>正向有功峰</td><td></td><td colspan="2"></td><td colspan="2"></td></tr>
<tr><td>正向有功平</td><td></td><td colspan="2"></td><td colspan="2"></td></tr>
<tr><td>正向有功谷</td><td></td><td colspan="2"></td><td colspan="2"></td></tr>
<tr><td>组合无功Ⅰ</td><td></td><td colspan="2"></td><td colspan="2"></td></tr>
<tr><td rowspan="7">电量计算</td><td>数据名称</td><td colspan="2">本月电量</td><td colspan="2">上一个月电量</td></tr>
<tr><td>正向有功总</td><td colspan="2"></td><td colspan="2"></td></tr>
<tr><td>正向有功尖</td><td colspan="2"></td><td colspan="2"></td></tr>
<tr><td>正向有功峰</td><td colspan="2"></td><td colspan="2"></td></tr>
<tr><td>正向有功平</td><td colspan="2"></td><td colspan="2"></td></tr>
<tr><td>正向有功谷</td><td colspan="2"></td><td colspan="2"></td></tr>
<tr><td>正向无功总</td><td colspan="2"></td><td colspan="2"></td></tr>
<tr><td>其他电气计量计算与分析</td><td colspan="5">(1)电能表示数不平衡计算：

(2)近两个月平均功率因数计算：</td></tr>
</table>

图8-1　普通工业客户三相四线智能电能表抄表检查记录单

“普通工业客户电能计量装置的抄读与电费计算”操作评分记录表（高级工 001）

操作评分记录表

<table>
<tr><td colspan="2">姓名</td><td></td><td>准考证号</td><td></td><td>工作单位</td><td colspan="3"></td></tr>
<tr><td colspan="2">标准用时</td><td>40 min</td><td>累计用时</td><td colspan="5">点　　分 ～　　点　　分</td></tr>
<tr><td>序号</td><td>项目</td><td colspan="5">评分标准(满分为 100 分)</td><td>配分</td><td>得分</td></tr>
<tr><td>1</td><td>工作前准备</td><td colspan="5">1. 穿长袖工装、绝缘鞋,戴安全帽、线手套
(1)未穿戴齐全的扣 10 分</td><td>10</td><td></td></tr>
<tr><td rowspan="5">2</td><td rowspan="5">工作过程</td><td colspan="5">1. 对计量柜(箱)金属部分进行验电
(1)未验电扣 10 分
(2)验电过程不正确扣 5 分</td><td>10</td><td rowspan="5"></td></tr>
<tr><td colspan="5">2. 核对电能表表号,并对电量、电压、电流、功率因数、告警信息、通信状态等表计显示数据及信息进行抄录和解读
(1)数据、信息抄录及解读不正确每项扣 2 分
(2)未能通过表计信息解读计量异常问题每项扣 5 分</td><td>20</td></tr>
<tr><td colspan="5">3. 通过给定的电流及电压互感器变比值计算倍率,根据电能表抄录的上一月和当前分时电量表底,计算分时电量
(1)倍率计算正确,表底计算不正确扣 10 分
(2)倍率计算不正确扣 20 分</td><td>20</td></tr>
<tr><td colspan="5">4. 根据给定的电价表及计算的电量值计算电度电费
(1)计算不正确扣 15 分</td><td>15</td></tr>
<tr><td colspan="5">5. 根据电能表抄录的上一月和当前有功总表底、无功总表底、倍率计算平均功率因数(按四舍五入保留两位小数)。考生应熟悉功率因数考核办法,并根据《功率因数调整电费表》,最后计算总电费
(1)平均功率因数计算正确,总电费计算不正确扣 5 分
(2)平均功率因数计算不正确扣 10 分</td><td>20</td></tr>
<tr><td>3</td><td>工作终结</td><td colspan="5">1. 操作结束后,应关好计量柜门,并清理桌面
(1)未关好计量柜门或未清理桌面扣 5 分</td><td>5</td><td></td></tr>
<tr><td colspan="2">总分</td><td colspan="7"></td></tr>
<tr><td colspan="2">备注</td><td colspan="7"></td></tr>
</table>

考评员签字：　　　　　　　　　　　考评日期：　　年　　月　　日

“高供低计用户电费计算方法”
技能口述、笔试试题卡（高级工 002）

姓名： **准考证号：** **得分：**

任务描述

某养殖场变压器容量为 200 kVA，10 kV 供电低压侧装表计量，9 月和 10 月电量抄见示数如下表所示，计算此户当月应收电费。

养殖场 9、10 月电量抄见示数表

单位：kW·h

电量类型	综合倍率	9 月电量抄见示数	10 月电量抄见示数
正向有功总	120	2302.52	2343.34
正向无功总	120	1341.01	1378.66

“高供低计用户电费计算方法”
技能口述、笔试评分标准（高级工 002）

姓名： **准考证号：** **得分：**

参考答案及评分要点

1. 执行标准（10 分）

此户执行农业生产电价，不执行峰谷电价，力调标准为 0.8，加收 3.5%变损电量。

2. 结算电量（30 分）

抄见有功总电量＝（2343.34－2302.52）×120＝4898（kW·h）。

抄见无功总电量＝（1378.66－1341.01）×120＝4518（kvar·h）。

有功变损电量＝4898×0.035＝171（kW·h）。

有功结算电量＝4898＋171＝5069（kW·h）。

无功变损电量＝4518×0.035＝158（kvar·h）。

无功结算电量＝4518＋158＝4676（kvar·h）。

3. 目录电度电费（15分）

目录电度电费＝5069×0.488432＝2475.86（元）。

4. 力调电费（15分）

$$实际功率因数=\frac{有功总电量}{\sqrt{有功总电量^2+无功总电量^2}}=\frac{5069}{\sqrt{5069^2+4676^2}}=0.74。$$

此户力调标准为0.8，而实际功率因数为0.74，查表得出力调电费调整比例为3%。

力调电费＝2475.86×0.03 ＝ 74.28（元）。

5. 代征电费（15分）

代征电费＝5069×0.001968 ＝9.98（元）。

6. 总电费（15分）

总电费＝2475.86＋74.28＋9.98 ＝2560.12（元）。

考评员签字：　　　　　　　　　　　　考评日期：　　年　　月　　日

“分表定量客户电量电费计算”技能口述、笔试试题卡（高级工003）

姓名：　　　　　　**准考证号：**　　　　　　**得分：**

任务描述

某大工业用户10 kV供电，受电变压器容量为7030 kVA，计量方式为高供高计，电流互感器变比为600/1，办公用电定量为52000 kW·h，基本电费按照变压器容量计收。该户9、10月电量抄见示数如下表所示，求该户10月目录电度电费（不含农网还贷）、总代征电费、总电费（计算时，电量取整数）。

某大工业用户 9、10 月电量抄见示数表

单位：kW·h

电量类型	9 月电量抄见示数	10 月电量抄见示数
正向有功总	2411.01	2438.86
正向有功尖	126.88	126.88
正向有功峰	681.91	691.51
正向有功谷	615.67	625.24
正向有功平	786.53	795.22
正向无功总	902.64	913.94
反向无功总	0.01	0.01

“分表定量客户电量电费计算”技能口述、笔试评分标准（高级工 003）

姓名：　　　　　　准考证号：　　　　　　　　　　　得分：

一、参考答案及评分要点

1. 综合倍率（5 分）

$$综合倍率=\frac{600}{1}\times\frac{10000}{100}=60000$$

2. 抄见电量（12 分）

抄见有功总电量＝（2438.86－2411.01）×60000＝1671000（kW·h）。

抄见有功峰电量＝（691.51－681.91）×60000＝576000（kW·h）。

抄见有功谷电量＝（625.24－615.67）×60000＝574200（kW·h）。

抄见有功平电量＝1671000－576000－574200＝520800（kW·h）。

抄见无功总电量＝（913.94－902.64）×60000＝678000（kvar·h）。

抄见反向无功总电量＝（0.01－0.01）×60000＝0（kvar·h）。

3. 结算电量（12 分）

非居民照明结算峰电量$=\frac{52000\times576000}{1671000}=17925$（kW·h）。

非居民照明结算谷电量$=\frac{52000\times574200}{1671000}=17869$（kW·h）。

非居民照明结算平电量＝52000－17925－17869＝16206（kW·h）。

大工业结算有功总电量＝1671000－52000＝1619000（kW·h）。

大工业结算峰电量＝576000－17925＝558075（kW·h）。

大工业结算谷电量＝574200－17869＝556331（kW·h）。

大工业结算平电量＝1619000－558075－556331＝504594（kW·h）。

4. 目录电度电价（12 分）

非居民照明结算峰目录电度电价＝0.7173－0.0031－0.019－0.001968－0.02＝0.673232（元/（kW·h））。

非居民照明结算谷目录电度电价＝0.3211－0.0031－0.019－0.001968－0.02＝0.277032（元/（kW·h））。

非居民照明结算平目录电度电价＝0.5192－0.0031－0.019－0.001968－0.02＝0.475132（元/（kW·h））。

大工业结算峰目录电度电价＝0.7370－0.0031－0.019－0.001968－0.02＝0.692932（元/（kW·h））。

大工业结算谷目录电度电价＝0.3296－0.0031－0.019－0.001968－0.02＝0.285532（元/（kW·h））。

大工业结算平目录电度电价＝0.5333－0.0031－0.019－0.001968－0.02＝0.489232（元/（kW·h））。

5. 目录电度电费（12 分）

非居民照明结算峰目录电度电费＝0.673232×17925＝12067.68（元）。

非居民照明结算谷目录电度电费＝0.277032×17869＝4950.28（元）。

非居民照明结算平目录电度电费＝0.475132×16206＝7699.99（元）。

大工业结算峰目录电度电费＝0.692932×558075＝386708.02（元）。

大工业结算谷目录电度电费＝0.285532×556331＝158850.30（元）。

大工业结算平目录电度电费＝0.489232×504594＝246863.53（元）。

目录电度电费＝12067.68＋4950.28＋7699.99＋386708.02＋158850.30＋246863.53＝817139.80（元）。

6. 基本电费（10 分）

基本电费＝7030×23.3＝163799（元）。

7. 功率因数（5 分）

$$功率因数=\frac{有功电量}{\sqrt{有功电量^2+无功电量^2}}=\frac{1671000}{\sqrt{1671000^2+678000^2}}=0.93。$$

8. 功率因数调整电费（17 分）

根据《功率因数调整电费办法》，该户功率因数标准为 0.90，该户实际功率因数为 0.93，根据《功率因数调整电费表》得电费调整率为－0.45％。

农网还贷电费＝（1671000－52000）×0.02＝32380.00（元）。

功率因数调整电费＝（386708.02＋158850.30＋246863.53＋163799＋32380.00）×（－0.45％）＝－4448.70（元）。

9. 总代征电费（10 分）

大工业总代征电费＝1619000×（0.0031＋0.019＋0.001968＋0.02）＝71346.09（元）。

非居民照明总代征电费＝52000×（0.0031＋0.019＋0.001968＋0.02）＝2291.54（元）。

总代征电费＝71346.09＋2291.54＝73637.63（元）。

10. 总电费（5 分）

总电费＝163799＋386708.02＋158850.30＋246863.53＋12067.68＋4950.28＋7699.99＋71346.09＋2291.54－4448.70＝1050127.73（元）。

考评员签字：　　　　　　　　　　考评日期：　　年　　月　　日

“现场作业终端抄表”
技能操作任务单（高级工 004）

姓名： **准考证号：** **得分：**

一、任务描述

用现场作业终端抄读电能表的冻结电量并记录。

二、考核方式

实操（技能操作）。

三、标准用时

60 分钟。

四、注意事项

（1）应正确佩戴安全帽、手套，穿工作服、绝缘鞋。

（2）应装设围栏（遮栏），悬挂“止步，高压危险”警示牌。

（3）应正确进行三步法验电。

（4）注意操作者与带电设备保持足够的安全距离。

“现场作业终端抄表”
技能操作准备通知单（高级工 004）

一、场地位置及要求

（1）考场应设在室内采集运维台区仿真柜处。

（2）考场要求设置考核人员桌椅。

二、工器具及材料要求

（1）电脑：1 台。

（2）仿真柜：1 台。

（3）现场作业终端：1 台。

（4）验电笔：1 支。

（5）黑色签字笔：1 支。

（6）常用工具（电工刀、一字螺丝刀）：1 套。

（7）电价表：1 份。

三、其他要求

（1）需两人配合操作。

（2）电脑上应有采集运维闭环管理模拟系统。

“现场作业终端抄表”技能操作数据记录表（高级工 004）

姓名： **准考证号：** **得分：**

<table>
<tr><td>电能表厂商</td><td colspan="2"></td><td colspan="2">电能表型号</td><td></td><td>电能表条码</td><td></td></tr>
<tr><td>电压值</td><td colspan="2"></td><td colspan="2">电流值</td><td></td><td>准确度等级</td><td></td></tr>
<tr><td>当前有功总电量</td><td colspan="4"></td><td>上一月有功总电量</td><td colspan="2"></td></tr>
<tr><td>当前正向尖电量</td><td></td><td>当前反向尖电量</td><td></td><td>上一月正向尖电量</td><td></td><td>上一月反向尖电量</td><td></td></tr>
<tr><td>当前正向峰电量</td><td></td><td>当前反向峰电量</td><td></td><td>上一月正向峰电量</td><td></td><td>上一月反向峰电量</td><td></td></tr>
<tr><td>当前正向平电量</td><td></td><td>当前反向平电量</td><td></td><td>上一月正向平电量</td><td></td><td>上一月反向平电量</td><td></td></tr>
<tr><td>当前正向谷电量</td><td></td><td>当前反向谷电量</td><td></td><td>上一月正向谷电量</td><td></td><td>上一月反向谷电量</td><td></td></tr>
<tr><td>查询电价</td><td colspan="7"></td></tr>
<tr><td>本月追退补电量</td><td colspan="7"></td></tr>
<tr><td>追退补电费</td><td colspan="7"></td></tr>
</table>

图 8-2　营销现场补抄数据项模板

“现场作业终端抄表”操作评分记录表（高级工 004）

操作评分记录表

<table>
<tr><td colspan="2">姓名</td><td></td><td>准考证号</td><td colspan="2"></td><td>工作单位</td><td colspan="2"></td></tr>
<tr><td colspan="2">标准用时</td><td>60 min</td><td>累计用时</td><td colspan="5">点　分 ～ 　点　分</td></tr>
<tr><td>序号</td><td>项目</td><td colspan="5">评分标准(满分为 100 分)</td><td>配分</td><td>得分</td></tr>
<tr><td rowspan="2">1</td><td rowspan="2">工作前准备</td><td colspan="5">1. 主动出示(佩戴)有关证件
(1)不出示(佩戴)扣 5 分</td><td>5</td><td rowspan="2"></td></tr>
<tr><td colspan="5">2. 穿工作服、绝缘鞋,戴安全帽、手套
(1)未按要求的扣 5 分</td><td>5</td></tr>
<tr><td rowspan="5">2</td><td rowspan="5">工作过程</td><td colspan="5">1. 试验场地装设围栏(遮栏),悬挂“止步,高压危险”警示牌
(1)试验场地未围好围栏(遮栏)扣 5 分
(2)未挂好警示牌扣 5 分</td><td>10</td><td rowspan="5"></td></tr>
<tr><td colspan="5">2. 正确进行三步法验电
(1)未验电扣 10 分
(2)验电过程不正确每处扣 2 分</td><td>10</td></tr>
<tr><td colspan="5">3. 规范使用现场作业终端抄读电量
(1)未使用现场作业终端红外功能抄读电量每次扣 2 分
(2)作业终端操作不规范每次扣 2 分
(3)共 20 个电量数据,抄读电量不成功,每个数据扣 2 分</td><td>30</td></tr>
<tr><td colspan="5">4. 完整记录数据
(1)记录数据错误每处扣 2 分
(2)记录数据不全每处扣 2 分</td><td>10</td></tr>
<tr><td colspan="5">5. 电能表外观及表屏信息检查
(1)电能表外观检查错误扣 10 分
(2)电能表屏信息检查错误扣 10 分</td><td>20</td></tr>
<tr><td>3</td><td>工作终结</td><td colspan="5">1. 清理工作现场
(1)工器具未放回原处每处扣 2 分
(2)计量箱门未关、表尾盖未扣,每处扣 2 分</td><td>10</td><td></td></tr>
<tr><td colspan="2">总分</td><td colspan="7"></td></tr>
<tr><td colspan="2">备注</td><td colspan="7">在规定时间内未完成,每超过 5 分钟扣 5 分</td></tr>
</table>

考评员签字：　　　　　　　　　　考评日期：　　年　　月　　日

“分析售电结构对售电均价的影响”
技能操作任务单（高级工 005）

姓名： **准考证号：** **得分：**

一、任务描述

按照某供电企业各类用电平均单价情况，计算售电量比重、售电收入和售电量对售电均价的影响，并找出对售电均价影响的前两名用电类别（电量保留整数，售电收入、售电量比重保留两位小数点）。

某供电企业各类用电平均单价及售电量情况

单位：kkW·h

项目	大工业用电	居民用电	趸售用电	一般工商业用电	农业生产	农业排灌	合计
平均单价	276.75	347.50	216.70	344.90	465.00	564.00	313.08
售电量	5600000	1800000	570000	980000	460000	380000	9790000

二、考核方式

实操（技能操作）。

三、标准用时

30 分钟。

“分析售电结构对售电均价的影响”
技能操作准备通知单（高级工 005）

一、场地位置及要求

（1）考场应设在具备内网条件的专用机房或实训室。

（2）考场要求设置考核人员桌椅。

二、工器具及材料要求

（1）答题纸：3 张。

（2）黑色签字笔：1 支。

（3）计算器：1 个。

（4）电价表：1 份。

"分析售电结构对售电均价的影响"操作评分记录表（高级工 005）

操作评分记录表

<table>
<tr><td colspan="2">姓名</td><td></td><td>准考证号</td><td colspan="2"></td><td>工作单位</td><td colspan="2"></td></tr>
<tr><td colspan="2">标准用时</td><td>45 min</td><td>累计用时</td><td colspan="5">点　分 ～　点　分</td></tr>
<tr><td>序号</td><td>项目</td><td colspan="5">评分标准(满分为 100 分)</td><td>配分</td><td>得分</td></tr>
<tr><td rowspan="2">1</td><td rowspan="2">工作前准备</td><td colspan="5">1. 主动出示(佩戴)有关证件
(1)不出示(佩戴)扣 3 分</td><td>5</td><td rowspan="2"></td></tr>
<tr><td colspan="5">2. 戴安全帽，穿工作服、绝缘鞋
(1)未按要求的扣 5 分</td><td>5</td></tr>
<tr><td>2</td><td>工作过程</td><td colspan="5">1. 售电量比重计算
(1)大工业售电量比重$=\frac{5600000}{9790000}\times100\%=57.20\%$
(2)居民售电量比重$=\frac{1800000}{9790000}\times100\%=18.39\%$
(3)趸售售电量比重$=\frac{570000}{9790000}\times100\%=5.82\%$
(4)一般工商业售电量比重$=\frac{980000}{9790000}\times100\%=10.01\%$
(5)农业生产售电量比重$=\frac{460000}{9790000}\times100\%=4.70\%$
(6)农业排灌业售电量比重$=\frac{380000}{9790000}\times100\%=3.88\%$
(7)合计售电量比重$=\frac{9790000}{9790000}\times100\%=100\%$</td><td>20</td><td></td></tr>
</table>

续表

<table>
<tr><td colspan="2">姓名</td><td></td><td>准考证号</td><td></td><td>工作单位</td><td colspan="3"></td></tr>
<tr><td colspan="2">标准用时</td><td>45 min</td><td>累计用时</td><td colspan="5">点　分 ～　点　分</td></tr>
<tr><td>序号</td><td>项目</td><td colspan="5">评分标准(满分为 100 分)</td><td>配分</td><td>得分</td></tr>
<tr><td rowspan="3">2</td><td rowspan="3">工作过程</td><td colspan="5">2. 售电收入计算
(1)大工业售电收入=276.75×5600000=1549800000.00 元
(2)居民售电收入=347.50×1800000=625500000.00 元
(3)趸售售电收入=216.70×570000=123519000.00 元
(4)一般工商业售电收入=344.90×980000=338002000.00 元
(5)农业生产售电收入=465.00×460000=213900000.00 元
(6)农业排灌售电收入=564.00×380000=214320000.00 元
(7)合计售电收入=313.08×9790000=3065053200.00 元</td><td>20</td><td rowspan="3"></td></tr>
<tr><td colspan="5">3. 售电量对售电均价的影响值计算
(1)大工业售电量对售电均价的影响值$=\frac{1549800000}{9790000}=158.30$ 元
(2)居民售电量对售电均价的影响值$=\frac{625500000}{9790000}=63.89$ 元
(3)趸售售电量对售电均价的影响值$=\frac{123519000}{9790000}=12.62$ 元
(4)一般工商业售电量对售电均价的影响值$=\frac{338002000}{9790000}=$ 34.53 元
(5)农业生产售电量对售电均价的影响值$=\frac{213900000}{9790000}=21.85$ 元
(6)农业排灌售电量对售电均价的影响值$=\frac{214320000}{9790000}=21.89$ 元
(7)合计售电量对售电均价的影响值$=\frac{3065053200}{9790000}=313.08$ 元</td><td>30</td></tr>
<tr><td colspan="5">4. 对售电均价影响前两名的用电类别
(1)对售电均价影响前两名的用电类别为大工业用电和居民用电</td><td>10</td></tr>
<tr><td>3</td><td>工作终结</td><td colspan="5">1. 清理工作现场
(1)清理不彻底扣 5 分</td><td>10</td><td></td></tr>
<tr><td colspan="2">总分</td><td colspan="7"></td></tr>
</table>

考评员签字：　　　　　　　　　　考评日期：　　年　　月　　日

“电费退费账务处理”
技能操作任务单（高级工 006）

姓名： **准考证号：** **得分：**

一、任务描述

某企业用户（用户编号为×××）186 系统已销户，账户余额 16 万元，现申请将余额退回。

(1) 若你是一名营业厅工作人员，请答复客户需要提供的资料（写在答题卡上），并在 186 系统完成退费流程，还应做完实收审核，并打印退费审批单。

(2) 公司财务在 2020 年某月某日将退费款项支付，请在 186 系统内进行支付标记。

附：“审核权限：×××”“审批权限：一级审批权限×××；二级审批权限×××；三级审批权限×××”。

二、考核方式

实操（技能操作）。

三、标准用时

30 分钟。

“电费退费账务处理”
技能操作准备通知单（高级工 006）

一、场地位置及要求

(1) 考场应设在培训中心实训室。

(2) 考场要求设置考核人员桌椅。

二、工器具及材料要求

(1) A4 纸：3 张。

(2) 内网电脑（可以登录 186 系统）：1 台。

（3）打印机：1 台。

（4）黑色签字笔：1 支。

三、其他要求

186 系统测试库中需有一个销户的企业用户，且账户余额为 16 万元。186 系统测试库中需提供五个工号及密码，分别对应业务人员（退费相关权限）、班组长（审核权限）、分中心主任（一级审批权限）、电费管理中心主任（二级审批权限）、营销部主任（三级审批权限）。

“电费退费账务处理”
操作评分记录表（高级工 006）

操作评分记录表

<table>
<tr><td colspan="2">姓名</td><td></td><td>准考证号</td><td></td><td>工作单位</td><td colspan="3"></td></tr>
<tr><td colspan="2">标准用时</td><td>30 min</td><td>累计用时</td><td colspan="5">点　分～　点　分</td></tr>
<tr><td>序号</td><td>项目</td><td colspan="5">评分标准（满分为 100 分）</td><td>配分</td><td>得分</td></tr>
<tr><td>1</td><td>工作前准备</td><td colspan="5">1. 仪容仪表应符合《供电服务规范》要求
(1)着装不符合规范要求扣 3 分
(2)未佩戴工作牌扣 2 分</td><td>5</td><td></td></tr>
<tr><td rowspan="4">2</td><td rowspan="4">工作过程</td><td colspan="5">1. 该用户需提供营业执照(复印件)、法人身份证(复印件)、开户许可证、退费申请单等，如委托代办的需在委托书或说明书上加盖公章或手印，还应提供客户银行账户信息(如收款单位与系统中的用户名称不一致的，需提供说明并加盖公章)
(1)每漏一项扣 5 分</td><td>35</td><td rowspan="4"></td></tr>
<tr><td colspan="5">2. 在 186 系统中发起退费申请，流程包括录入退费原因、金额、收款单位名称、开户行、账号信息、联行号
(1)录入信息不正确每项扣 3 分</td><td>15</td></tr>
<tr><td colspan="5">3. 退费审核，一级、二级、三级审批
(1)每错误一项扣 4 分</td><td>15</td></tr>
<tr><td colspan="5">4. 电费退费
(1)未完成此环节扣 5 分</td><td>5</td></tr>
</table>

续表

姓名		准考证号		工作单位	
标准用时	30 min	累计用时	点　分 ～ 点　分		

序号	项目	评分标准(满分为100分)	配分	得分
2	工作过程	5. 退费解款 (1)未完成此环节扣5分	5	
		6. 实收审核 (1)未完成此环节扣5分	5	
		7. 退费支付(按照题目中给定的支付时间进行支付标记) (1)未完成此环节扣5分	5	
		8. 打印退费审批单 (1)未完成此环节扣5分	5	
3	工作终结	1. 清理工作现场 (1)清理不彻底扣5分	5	
总分				
备注		在规定时间内未完成，每超过5分钟扣5分		

考评员签字：　　　　　　　　　　　　考评日期：　　年　　月　　日

“开通智能交费业务”
技能操作任务单（高级工007）

姓名：　　　　　　**准考证号：**　　　　　　　　　**得分：**

一、任务描述

某居民用户（用户编号×××）现场具备开通智能交费业务条件，已签用户费控协议，现需在系统中开通智能交费业务。若你是一名营业厅工作人员，请在营销业务应用系统，为用户调整费控属性和用户基准策略、上传用户费控协议、修改账务联系人信息，为用户开通智能交费业务。

二、考核方式

实操（技能操作）。

三、标准用时

20分钟。

"开通智能交费业务"技能操作准备通知单（高级工 007）

一、场地位置及要求

(1) 考场应设在实训室。

(2) 考场要求设置考核人员桌椅。

二、工器具及材料要求

(1) 电脑：1 台。

(2) 客户信息表：1 张。

(3) 技能操作任务单：1 张。

三、其他要求

营销业务应用系统中需有一个居民用户，且未开通智能交费业务。

"开通智能交费业务"操作评分记录表（高级工 007）

操作评分记录表

<table>
<tr><td colspan="2">姓名</td><td></td><td>准考证号</td><td></td><td>工作单位</td><td colspan="3"></td></tr>
<tr><td colspan="2">标准用时</td><td>20 min</td><td>累计用时</td><td colspan="5">点　分 ～ 　点　分</td></tr>
<tr><td>序号</td><td>项目</td><td colspan="5">评分标准(满分为 100 分)</td><td>配分</td><td>得分</td></tr>
<tr><td rowspan="2">1</td><td rowspan="2">工作前准备</td><td colspan="5">1. 主动出示(佩戴)有关证件
(1)不出示(佩戴)证件扣 5 分</td><td>5</td><td rowspan="2"></td></tr>
<tr><td colspan="5">2. 着装应规范
(1)着装不符合规范要求扣 5 分</td><td>5</td></tr>
</table>

续表

<table>
<tr><td colspan="2">姓名</td><td></td><td>准考证号</td><td></td><td>工作单位</td><td colspan="3"></td></tr>
<tr><td colspan="2">标准用时</td><td>20 min</td><td>累计用时</td><td colspan="5">点　　分 ～　　点　　分</td></tr>
<tr><td>序号</td><td>项目</td><td colspan="5">评分标准(满分为 100 分)</td><td>配分</td><td>得分</td></tr>
<tr><td rowspan="5">2</td><td rowspan="5">工作
过程</td><td colspan="5">1. 营销业务应用系统登录应正确
(1)未登录营销业务应用系统扣 5 分
(2)未使用指定账号登录系统扣 5 分</td><td>10</td><td rowspan="5"></td></tr>
<tr><td colspan="5">2. 账务联系人信息修改应正确
(1)未进入联系人信息修改界面、未根据用户信息表修改账务联系人信息每项扣 5 分
(2)账务联系人信息修改错误每项扣 5 分</td><td>20</td></tr>
<tr><td colspan="5">3. 用户“是否费控”属性调整应正确、新费控协议上传操作应正确
(1)未进入“新装增容及变更用电”业务菜单、未进入“费控用户策略调整”界面每项扣 5 分
(2)未根据用户信息表查询到指定用户信息或用户信息查询错误每项扣 5 分
(3)未修改“是否费控”属性为“是”,未调整用户基准策略为居民类策略每项扣 5 分
(4)未选择“不变更合同,添加附件”选项扣 5 分
(5)未根据用户信息表上传费控协议或费控协议上传错误每项扣 5 分</td><td>30</td></tr>
<tr><td colspan="5">4. 验证“短信发送结果”
(1)未进入“短信发送情况查询”界面扣 5 分
(2)未查询到指定用户“短信发送结果”或查询到的“短信发送结果”错误每项扣 5 分
(3)未记录“短信发送结果”或“短信发送结果”记录错误每项扣 5 分</td><td>20</td></tr>
<tr><td colspan="5">5. 营销业务应用系统退出
未退出营销业务应用系统扣 5 分</td><td>5</td></tr>
<tr><td>3</td><td>工作
终结</td><td colspan="5">1. 清理工作现场
(1)清理不彻底扣 5 分</td><td>5</td><td></td></tr>
<tr><td colspan="2">总分</td><td colspan="7"></td></tr>
<tr><td colspan="2">备注</td><td colspan="7">在规定时间内未完成,每超过 5 分钟扣 5 分</td></tr>
</table>

考评员签字：　　　　　　　　　　　　考评日期：　　年　　月　　日

“营销系统的电子发票操作”
技能操作任务单（高级工 008）

姓名： **准考证号：** **得分：**

一、任务描述

在营销系统内，为用户 A（用户编号为×××）开具增值税电子发票并打印（当月发行电费为 79.56 元）；为用户 B 开错的发票做冲红处理；将用户 C（用户编号为×××）添加至白名单；将用户 D（用户编号为×××）删除白名单。此过程中，在答题纸上记录必要的查询、核实记录。

二、考核方式

实操（技能操作）。

三、标准用时

30 分钟。

“营销系统的电子发票操作”
技能操作准备通知单（高级工 008）

一、场地位置及要求

(1) 考场应设在培训中心营销技术支持实训室。

(2) 考场要求设置考核人员桌椅。

二、工器具及材料要求

(1) A4 纸：3 张。

(2) 内网电脑（可以登录 186 系统）：1 台。

(3) 打印机：1 台。

(4) 黑色签字笔：1 支。

三、其他要求

186 系统测试库中需有四个用户，A 用户发行电费 79.56 元，并已交清电费，且未开具电子发票；B用户发行一笔电费，且已交费，且已开具错误的电子发票；C用户不在白名单中；D用户在白名单中。186系统测试库中需提供一个工号及密码，对应电费查询及电子发票相关权限。

“营销系统的电子发票操作”操作评分记录表（高级工008）

操作评分记录表

<table>
<tr><td colspan="2">姓名</td><td></td><td>准考证号</td><td></td><td>工作单位</td><td colspan="3"></td></tr>
<tr><td colspan="2">标准用时</td><td>15 min</td><td>累计用时</td><td colspan="5">点　　分 ～　　点　　分</td></tr>
<tr><td>序号</td><td>项目</td><td colspan="5">评分标准(满分为100分)</td><td>配分</td><td>得分</td></tr>
<tr><td>1</td><td>工作前准备</td><td colspan="5">1. 着装应符合《供电服务规范》要求
(1)未穿工作服装扣3分
(2)未佩戴工作牌扣2分</td><td>5</td><td></td></tr>
<tr><td rowspan="7">2</td><td rowspan="7">工作过程</td><td colspan="5">1. 查询用户A欠费情况,并记录
(1)未查询或记录扣5分</td><td>5</td><td rowspan="7"></td></tr>
<tr><td colspan="5">2. 查询用户A是否开过纸质发票
(1)未查询扣5分</td><td>5</td></tr>
<tr><td colspan="5">3. 正确开具并打印用户A电子发票
(1)未开具电子发票扣10分
(2)未打印电子发票扣5分</td><td>15</td></tr>
<tr><td colspan="5">4. 正确冲红用户B错误发票
(1)未正确冲红扣20分</td><td>20</td></tr>
<tr><td colspan="5">5. 正确开具并打印用户B电子发票
(1)未开具电子发票扣10分
(2)未打印电子发票扣5分</td><td>15</td></tr>
<tr><td colspan="5">6. 添加用户C到白名单中
(1)未正确添加扣15分</td><td>15</td></tr>
<tr><td colspan="5">7. 从白名单中删除用户D
(1)未正确删除扣15分</td><td>15</td></tr>
<tr><td>3</td><td>工作终结</td><td colspan="5">1. 清理工作现场
(1)清理不彻底扣5分</td><td>5</td><td></td></tr>
<tr><td colspan="2">总分</td><td colspan="7"></td></tr>
<tr><td colspan="2">备注</td><td colspan="7">在规定时间内未完成,每超过5分钟扣5分</td></tr>
</table>

考评员签字：　　　　　　　　　　　　　　考评日期：　　年　　月　　日

“电费调账账务处理”
技能操作任务单（高级工009）

姓名： **准考证号：** **得分：**

一、任务描述

某居民客户有两处房产，用电户号分别为×××和×××，其中一处长期无人居住，要求将其中的剩余电费300元全部调账至另一户号中。

(1) 若你是营业厅前台工作人员，请答复客户需要提供的资料，并说明营业厅工作人员需要填写的资料。

(2) 若你是市公司账务班的工作人员，请在186系统中完成调账账务处理流程。

二、考核方式

实操（技能操作）。

三、标准用时

30分钟。

“电费调账账务处理”
技能操作准备通知单（高级工009）

一、场地位置及要求

(1) 考场应设在培训中心营销技术支持实训室。

(2) 考场要求设置考核人员桌椅。

二、工器具及材料要求。

(1) A4纸：3张。

(2) 内网电脑（可以登录186系统）：1台。

(3) 打印机：1台。

(4) 黑色签字笔：1支。

三、其他要求

186系统测试库中需有两个居民用户，且用户名称为同一人，其中一个账户中有300元预收电费。186系统测试库中需提供一个工号及密码，对应市公司账务人员电费查询、调账、调账解款、实收审核、收费交接、凭证审核、凭证记账等相关权限。

“电费调账账务处理”
操作评分记录表（高级工009）

操作评分记录表

<table>
<tr><td colspan="2">姓名</td><td></td><td>准考证号</td><td></td><td>工作单位</td><td colspan="3"></td></tr>
<tr><td colspan="2">标准用时</td><td>20 min</td><td>累计用时</td><td colspan="5">点　分 ～ 点　分</td></tr>
<tr><td>序号</td><td>项目</td><td colspan="5">评分标准(满分为100分)</td><td>配分</td><td>得分</td></tr>
<tr><td>1</td><td>工作前准备</td><td colspan="5">1. 着装应符合《供电服务规范》要求
(1)未穿工作服装扣3分
(2)未佩戴工作牌扣2分</td><td>5</td><td></td></tr>
<tr><td rowspan="7">2</td><td rowspan="7">工作过程</td><td colspan="5">1. 该用户需提供身份证(复印件)、房本(复印件)、调账申请资料(签字按手印)。工作人员需填写调账审批单并逐级盖章
(1)每漏一项扣4分</td><td>15</td><td rowspan="7"></td></tr>
<tr><td colspan="5">2. 在186系统中发起调账流程
(1)调出户用户编号、调入户用户编号、调账金额录入错误每项扣5分</td><td>15</td></tr>
<tr><td colspan="5">3. 调账解款
(1)未完成此环节不得分</td><td>15</td></tr>
<tr><td colspan="5">4. 实收审核
(1)未完成此环节不得分</td><td>10</td></tr>
<tr><td colspan="5">5. 收费交接
(1)未完成此环节不得分</td><td>15</td></tr>
<tr><td colspan="5">6. 凭证审核
(1)未完成此环节不得分</td><td>10</td></tr>
<tr><td colspan="5">7. 凭证记账
(1)未完成此环节不得分</td><td>10</td></tr>
<tr><td>3</td><td>工作终结</td><td colspan="5">1. 清理工作现场
(1)清理不彻底扣5分</td><td>5</td><td></td></tr>
<tr><td colspan="2">总分</td><td colspan="7"></td></tr>
<tr><td colspan="2">备注</td><td colspan="7">在规定时间内未完成，每超过5分钟扣5分</td></tr>
</table>

考评员签字：　　　　　　　　　　　　考评日期：　　年　　月　　日

“380 V 光伏发电全部上网应支付客户电费计算”技能操作任务单（高级工 010）

姓名：　　　　　　　准考证号：　　　　　　　　　　　　得分：

一、任务描述

某蛋糕店光伏发电，安装位置为屋顶。2017 年 3 月份并网，发电量消纳模式为全部上网，接入点电压为 380 V，接入容量为 15 kVA。2019 年 9 月上网电量为 1692 kW·h，2020 年 5 月上网电量为 2217 kW·h。求 2019 年 9 月和 2020 年 5 月应支付给该用户的上网电费、补贴电费和电费总金额。

二、考核方式

实操（技能操作）。

三、标准用时

30 分钟。

“380 V 光伏发电全部上网应支付客户电费计算”技能操作准备通知单（高级工 010）

一、场地位置及要求

（1）考场应设在具备内网条件的专用机房或实训室。

（2）考场要求设置考核人员桌椅。

二、工器具及材料要求

（1）答题纸：2 张。

（2）黑色签字笔：1 支。

（3）科学计算器：1 个。

（4）电价表：1 份。

“380V 光伏发电全部上网应支付客户电费计算”操作评分记录表（高级工 010）

操作评分记录表

<table>
<tr><td colspan="2">姓名</td><td></td><td>准考证号</td><td></td><td>工作单位</td><td colspan="3"></td></tr>
<tr><td colspan="2">标准用时</td><td>30 min</td><td>累计用时</td><td colspan="5">点　分 ～　点　分</td></tr>
<tr><td>序号</td><td>项目</td><td colspan="5">评分标准(满分为 100 分)</td><td>配分</td><td>得分</td></tr>
<tr><td>1</td><td>工作前准备</td><td colspan="5">1. 着装应符合《供电服务规范》要求
(1)未穿工作服扣 3 分
(2)未主动出示(佩戴)有关证件扣 2 分</td><td>5</td><td></td></tr>
<tr><td rowspan="3">2</td><td rowspan="3">工作过程</td><td colspan="5">1. 补贴电价依据
(1)依据冀价管〔2015〕252 号《河北省物价局关于光伏发电项目有关电价补贴政策的通知》,对屋顶分布式光伏发电项目(不包括金太阳示范工程),按照全电量进行电价补贴,补贴标准为每千瓦时 0.2 元,由省电网企业在转付国家补贴时一并结算。对 2015 年 10 月 1 日至 2017 年底以前建成投产的项目,自并网之日起补贴 3 年。对余量上网电量由省电网企业按照当地燃煤机组标杆上网电价结算,并随标杆上网电价的调整相应调整</td><td>10</td><td></td></tr>
<tr><td colspan="5">2. 2019 年补贴电价及上网电价
中央补贴电价(发电量)0.378 元/(kW·h)
省级补贴电价(发电量)0.20 元/(kW·h)
上网电价(上网电量) 0.372 元/(kW·h)</td><td>15</td><td></td></tr>
<tr><td colspan="5">3. 2019 年补贴电费、上网电费及电费总金额
中央补贴电费＝1692×0.378＝639.58(元)
省级补贴电费＝1692×0.20＝ 338.40(元)
总补贴电费＝中央补贴电费＋省级补贴电费＝639.58＋338.40＝977.98(元)
上网电费＝1692×0.372＝ 629.42(元)
应付发电户电费总金额＝ 977.98＋629.42＝1607.40(元)</td><td>25</td><td></td></tr>
</table>

续表

<table>
<tr><td colspan="2">姓名</td><td></td><td>准考证号</td><td></td><td>工作单位</td><td colspan="3"></td></tr>
<tr><td colspan="2">标准用时</td><td>30 min</td><td>累计用时</td><td colspan="5">点　分 ～ 　点　分</td></tr>
<tr><td>序号</td><td>项目</td><td colspan="5">评分标准(满分为 100 分)</td><td>配分</td><td>得分</td></tr>
<tr><td rowspan="2">2</td><td rowspan="2">工作过程</td><td colspan="5">4. 2020 年补贴电价及上网电价
中央补贴电价(发电量)0.378 元/(kW·h)
省级补贴电价(发电量)0.20 元/(kW·h),自并网之日起补贴 3 年,该户不补
上网电价(上网电量) 0.372 元/(kW·h)</td><td>15</td><td rowspan="2"></td></tr>
<tr><td colspan="5">5. 2020 年补贴电费、上网电费及电费总金额
中央补贴电费=2217×0.378=838.03(元)
省级补贴电费 0 元
上网电费=2217×0.372= 824.72(元)
应付发电户电费总金额=838.03+824.73=1662.76(元)</td><td>15</td></tr>
<tr><td>3</td><td>工作终结</td><td colspan="5">1. 清理工作现场
(1)清理不彻底扣 5 分</td><td>5</td><td></td></tr>
<tr><td colspan="2">总分</td><td colspan="7"></td></tr>
</table>

考评员签字：　　　　　　　　　　考评日期：　　年　　月　　日

“用电更变情况下按实际最大需量计算基本电费”技能操作任务单（高级工 011）

姓名：　　　　　　准考证号：　　　　　　　　得分：

一、任务描述

某 110 kV 大工业用户，计量方式为高供高计，电流互感器变比为 300/5，抄表例日为 20 日，基本电费计算方式为按实际最大需量。有两台 25000 kVA 变压器运行，7 月 11 日做减容，拆除一台 25000 kVA 变压器，电流互感器变比不变。拆除时，拆掉的表最大需量抄见示数是 0.1000 kW，剩下的一台最大需大抄见示数量 0.0210 kW，需量电价为每千瓦时 35 元，计算 7 月份基本电费。

二、考核方式

实操（技能操作）。

三、标准用时

30 分钟。

“用电更变情况下按实际最大需量计算基本电费”技能操作准备通知单（高级工 011）

一、场地位置及要求

（1）考场应设在具备内网条件的专用机房或实训室。

（2）考场要求设置考核人员桌椅。

二、工器具及材料要求

（1）答题纸：3 张。

（2）黑色签字笔：1 支。

（3）科学计算器：1 个。

（4）电价表：1 份。

“用电更变情况下按实际最大需量计算基本电费”操作评分记录表（高级工 011）

操作评分记录表

<table>
<tr><td colspan="2">姓名</td><td></td><td>准考证号</td><td></td><td>工作单位</td><td colspan="3"></td></tr>
<tr><td colspan="2">标准用时</td><td>30 min</td><td>累计用时</td><td colspan="5">点　　分 ～　　点　　分</td></tr>
<tr><td>序号</td><td>项目</td><td colspan="5">评分标准(满分为 100 分)</td><td>配分</td><td>得分</td></tr>
<tr><td>1</td><td>工作前准备</td><td colspan="5">1. 着装应符合《供电服务规范》要求
(1)未穿工作服扣 3 分
(2)未动出示(佩戴)有关证件扣 2 分</td><td>5</td><td></td></tr>
<tr><td rowspan="2">2</td><td rowspan="2">工作过程</td><td colspan="5">1. 综合倍率
(1)综合倍率$=\frac{110}{0.1}\times\frac{300}{5}=66000$</td><td>10</td><td rowspan="2"></td></tr>
<tr><td colspan="5">2. 减容前变压器运行天数
(1)6 月 21 日至 7 月 10 日共 20 天</td><td>15</td></tr>
</table>

续表

<table>
<tr><td colspan="2">姓名</td><td></td><td>准考证号</td><td></td><td>工作单位</td><td colspan="2"></td></tr>
<tr><td colspan="2">标准用时</td><td>30 min</td><td>累计用时</td><td colspan="4">点　分 ～ 点　分</td></tr>
<tr><td>序号</td><td>项目</td><td colspan="4">评分标准(满分为 100 分)</td><td>配分</td><td>得分</td></tr>
<tr><td rowspan="6">2</td><td rowspan="6">工作过程</td><td colspan="4">3. 减容前需量计算
(1)需量＝0.1000×66000＝6600(kW)</td><td>10</td><td rowspan="6"></td></tr>
<tr><td colspan="4">4. 减容前基本电费
(1)基本电费＝$6600\times35\times\frac{20}{30}$＝154000(元)</td><td>10</td></tr>
<tr><td colspan="4">5. 减容后变压器运行天数
(1)7 月 11 日至 7 月 20 日共 10 天</td><td>15</td></tr>
<tr><td colspan="4">6. 减容后需量计算
(1)需量＝0.0210×66000＝1386(kW)</td><td>10</td></tr>
<tr><td colspan="4">7. 减容后基本电费
(1)基本电费＝$1386\times35\times\frac{10}{30}$＝16170(元)</td><td>10</td></tr>
<tr><td colspan="4">8. 总基本电费
(1)总基本电费＝154000＋16170＝170170(元)</td><td>10</td></tr>
<tr><td>3</td><td>工作终结</td><td colspan="4">1. 清理工作现场
(1)清理不彻底扣 5 分</td><td>5</td><td></td></tr>
<tr><td colspan="2">总分</td><td colspan="6"></td></tr>
</table>

考评员签字：　　　　　　　　　　考评日期：　　年　　月　　日

“低压城镇峰谷电采暖居民用户电费计算”技能操作任务单（高级工 012）

姓名：　　　　　　**准考证号：**　　　　　　**得分：**

一、任务描述

某分时普通低压城镇一户一表居民客户，倍率为 1，抄表周期为每月，抄表例日为 4 日，按年阶梯标准执行，依递增法计算。2018 年 10 月份该户向供电企业申请办理电采暖，并执行峰谷分时电价。2019 年抄见示数如下表所示，计算每月用电量及应交电费（电量保留整数，电费保留两位小数）。

某居民用户 2018 年 12 月至 2019 年 12 月电量抄见示数表

单位:kW·h

时间	正向有功总	正向有功峰	正向有功谷
2018 年 12 月	11311	3416	3993
2019 年 01 月	13652	4685	5065
2019 年 02 月	15794	5819	6073
2019 年 03 月	16426	6150	6375
2019 年 04 月	16947	6425	6620
2019 年 05 月	18179	6974	7303
2019 年 06 月	18560	7141	7517
2019 年 07 月	18872	7303	7668
2019 年 08 月	19589	7669	8019
2019 年 09 月	20091	7926	8265
2019 年 10 月	20492	8136	8456
2019 年 11 月	21035	8413	8722
2019 年 12 月	21435	8623	8912

二、考核方式

实操（技能操作）。

三、标准用时

30 分钟。

“低压城镇峰谷电采暖居民用户电费计算”技能操作准备通知单（高级工 012）

一、场地位置及要求

（1）考场应设在具备内网条件的专用机房或实训室。

（2）考场要求设置考核人员桌椅。

二、工器具及材料要求

（1）答题纸：3 张。

（2）黑色签字笔：1 支。

（3）科学计算器：1 个。

（4）电价表：1 份。

“低压城镇峰谷电采暖居民用户电费计算”操作评分记录表（高级工012）

操作评分记录表

<table>
<tr><td colspan="2">姓名</td><td></td><td>准考证号</td><td></td><td>工作单位</td><td colspan="3"></td></tr>
<tr><td colspan="2">标准用时</td><td>30 min</td><td>累计用时</td><td colspan="5">点　　分～　　点　　分</td></tr>
<tr><td>序号</td><td>项目</td><td colspan="5">评分标准(满分为100分)</td><td>配分</td><td>得分</td></tr>
<tr><td>1</td><td>工作前准备</td><td colspan="5">1. 着装应符合《供电服务规范》要求
(1)未穿工作服装扣10分
(2)未主动出示(佩戴)有关证件扣5分</td><td>15</td><td></td></tr>
<tr><td>2</td><td>工作过程</td><td colspan="5">1. 采暖期电费计算
(1)采暖期为每年11月至次年3月。采暖期居民采暖用电价格执行阶梯电价一档标准，非采暖期用电按现行居民阶梯电价政策执行。2018年12月，2019年1—4月抄见电量执行采暖用电价格
(2)2019年1月
总电量＝13652－11311＝2341(kW・h)
峰段电量＝4685－3416＝1269(kW・h)
谷段电量＝2341－1269＝1072(kW・h)
电费＝1269×0.55＋1072×0.30＝1019.55(元)
(3)2019年2月
总电量＝15794－13652＝2142(kW・h)
峰段电量＝5819－4685＝1134(kW・h)
谷段电量＝2142－1134＝1008(kW・h)
电费＝1134×0.55＋1008×0.30＝926.10(元)
(4)2019年3月
总电量＝16426－15794＝632(kW・h)
峰段电量＝6150－5819＝331(kW・h)
谷段电量＝632－331＝301(kW・h)
电费＝331×0.55＋301×0.30＝272.35(元)
(5)2019年4月
总电量＝16947－16426＝521(kW・h)
峰段电量＝6425－6150＝275(kW・h)
谷段电量＝521－275＝246(kW・h)
电费＝275×0.55＋246×0.30＝225.05(元)</td><td></td><td></td></tr>
</table>

续表 1

<table>
<tr><td colspan="2">姓名</td><td></td><td>准考证号</td><td></td><td>工作单位</td><td colspan="2"></td></tr>
<tr><td colspan="2">标准用时</td><td>30 min</td><td>累计用时</td><td colspan="4">点　　分 ～ 　　点　　分</td></tr>
<tr><td>序号</td><td>项目</td><td colspan="4">评分标准(满分为 100 分)</td><td>配分</td><td>得分</td></tr>
<tr><td rowspan="2">2</td><td rowspan="2">工作过程</td><td colspan="4">(6)2019 年 12 月
总电量=21435−21035=400(kW·h)
峰段电量=8623−8413=210(kW·h)
谷段电量=400−210=190(kW·h)
电费=210×0.55+190×0.30=172.50(元)</td><td>30</td><td rowspan="2"></td></tr>
<tr><td colspan="4">2. 非采暖期电费计算
(1)非采暖期电量分档范围
第一档电量=180×7=1260(kW·h)
第二档电量=280×7=1960(kW·h)
第二档电量范围在 1261 kW·h 至 1960 kW·h
第三档电量在 1961 kW·h 及以上
(2)2019 年 5 月
总电量=18179−16947=1232(kW·h)
峰段电量=6974−6425=549(kW·h)
谷段电量=1232−549=683(kW·h)
电费=549×0.55+683×0.30=506.85(元)
(3)2019 年 6 月
总电量=18560−18179=381(kW·h)
峰段电量=7141−6974=167(kW·h)
谷段电量=381−167=214(kW·h)
第二档电量=1232+381−1260=353(kW·h)
电费=167×0.55+214×0.30+353×0.05=173.70(元)
(4)2019 年 7 月
总电量=18872−18560=312(kW·h)
峰段电量=7303−7141=162(kW·h)
谷段电量=312−162=150(kW·h)
电费=162×0.55+150×0.30+312×0.05=149.70(元)
(5)2019 年 8 月
总电量=19589−18872=717(kW·h)
峰段电量=7669−7303=366(kW·h)
谷段电量=717−366=351(kW·h)
第二档电量 =700−353−312=35(kW·h)
第三档电量=717−35=682(kW·h)
电费=366×0.55+351×0.30+35×0.05+682×0.3=512.95(元)</td><td></td></tr>
</table>

续表 2

<table>
<tr><td colspan="2">姓名</td><td></td><td>准考证号</td><td></td><td>工作单位</td><td colspan="3"></td></tr>
<tr><td colspan="2">标准用时</td><td>30 min</td><td>累计用时</td><td colspan="5">点　分 ～ 点　分</td></tr>
<tr><td>序号</td><td>项目</td><td colspan="5">评分标准(满分为 100 分)</td><td>配分</td><td>得分</td></tr>
<tr><td>2</td><td>工作过程</td><td colspan="5">(6)2019 年 9 月
总电量＝20091－19589＝502(kW·h)
峰段电量＝7926－7669＝257(kW·h)
谷段电量＝502－257＝245(kW·h)
第三档电量＝502(kW·h)
电费＝257×0.55＋245×0.30＋502×0.3＝365.45(元)
(7)2019 年 10 月
总电量＝20492－20091＝401(kW·h)
峰段电量＝8136－7926＝210(kW·h)
谷段电量＝401－210＝191(kW·h)
第三档电量＝401(kW·h)
电费＝210×0.55＋191×0.30＋401×0.30＝293.10(元)
(8)2019 年 11 月
总电量＝21035－20492＝543(kW·h)
峰段电量＝8413－8136＝277(kW·h)
谷段电量＝543－277＝266(kW·h)
第三档电量＝543(kW·h)
电费＝277×0.55＋266×0.30＋543×0.30＝395.05(元)</td><td>40</td><td></td></tr>
<tr><td>3</td><td>工作终结</td><td colspan="5">1. 清理工作现场
(1)清理不彻底扣 5 分</td><td>5</td><td></td></tr>
<tr><td colspan="2">总分</td><td colspan="7"></td></tr>
</table>

考评员签字：　　　　　　　　　　考评日期：　　年　　月　　日

九、抄表核算收费员技师

“光伏发电用户电费计算”技能口述、笔试试题卡（技师 001）

姓名： **准考证号：** **得分：**

任务描述

某分布式光伏发电用户，2018 年 2 月并网，电量消纳模式为自发自用余量上网。2018 年 3 月第一次抄表时，发电表倍率为 1，反向有功表示数为 880；上网表倍率为 1，正向有功表示数为 350，反向有功表示数为 740。2018 年 3 月，应支付给该用户的补贴电费、上网电费各是多少？用户使用电费又是多少？（此户地区定为二类地区，上网电价执行标准为每千瓦时 0.372 元。居民电价和阶梯分档电量按现标准执行。电费保留两位小数）

“光伏发电用户电费计算”技能口述、笔试评分标准（技师 001）

姓名： **准考证号：** **得分：**

参考答案及评分要点

1. 补贴电价（20 分）

依据《国家电网公司关于执行 2018 年光伏发电项目价格政策有关要求的通知》（国家电网财〔2018〕194 号），2018 年 1 月 1 日之后投运的“自发自用，余量上网”模式的分布式光伏项目，执行每千瓦时 0.37 元（含税）补贴标准。

2. 补贴电费（20 分）

补贴电费＝880×0.37＝325.60（元）。

3. 上网电费（20 分）

上网电费＝740×0.372＝275.28（元）。

4. 阶梯电量（20 分）

350 kW·h 为第一档阶梯电量，未达到第二档阶梯电量。

5. 使用电费计算（20分）

使用电费＝350×0.52＝182.00（元）。

考评员签字：　　　　　　　　　　　　　考评日期：　　年　　月　　日

“到账确认账务处理”技能操作任务单（技师002）

姓名：　　　　　　　**准考证号：**　　　　　　　　　　　**得分：**

一、任务描述

某营业厅当日现金收款3000元，支票及回单收款25 000元，解款银行均为建设银行，若你是市公司账务班的一名工作人员，请做到账确认处理，并粘贴、整理相关凭证单据，需要查证核实的项目请做必要标记或记录。

二、考核方式

实操（技能操作）。

三、标准用时

30分钟。

“到账确认账务处理”技能操作准备通知单（技师002）

一、场地位置及要求

考场应设在具备内网条件的专用机房或实训室。

二、工器具及材料要求

(1) 内网电脑（可以登录186系统）：1台。

(2) A4纸：若干。

(3) 打印机：1台。

(4) 银行现金缴款回单：1张。

(5) 用户转账缴款银行回单：1张。

(6) 当日实收电费汇总表：1 份。

(7) 银行对账单：1 份。

(8) 票据粘贴单：1 张。

(9) 胶水：1 瓶。

(10) 曲别针：若干。

(11) 草稿纸：1 张。

(12) 黑色签字笔：1 支。

三、其他要求

(1) 186 系统测试库需做两笔收款，一笔现金收款 3000 元，一笔为支票及回单收款 25 000 元，钱款应解款到建设银行，应做完实收审核。

(2) 186 系统测试库中需提供一个工号及密码，且对应市公司账务班到账确认相关权限。

“到账确认账务处理”操作评分记录表（技师 002）

操作评分记录表

姓名		准考证号		工作单位	
标准用时	30 min	累计用时	点　分～　点　分		

序号	项目	评分标准(满分为 100 分)	配分	得分
1	工作前准备	1. 着装应符合《供电服务规范》要求 (1)未穿工作服装扣 3 分 (2)未佩戴工作牌扣 2 分	5	
2	工作过程	1. 查核银行的到账情况并标记 (1)未查核银行到账情况，未标记每项扣 5 分	10	
		2. 两项回单录入 (1)回单录入不正确每项扣 5 分	10	
		3. 到账确认 (1)到账确认不正确每项扣 5 分	10	
		4. 确认交接单已复核 (1)未复核每项扣 3 分	5	

续表

<table>
<tr><td colspan="2">姓名</td><td></td><td>准考证号</td><td></td><td>工作单位</td><td colspan="3"></td></tr>
<tr><td colspan="2">标准用时</td><td>30 min</td><td>累计用时</td><td colspan="5">点　分 ～ 点　分</td></tr>
<tr><td>序号</td><td>项目</td><td colspan="5">评分标准(满分为 100 分)</td><td>配分</td><td>得分</td></tr>
<tr><td rowspan="5">2</td><td rowspan="5">工作过程</td><td colspan="5">5. 收费交接
(1)合计生成 4 个凭证,未生成或生成不正确每项扣 5 分</td><td>20</td><td></td></tr>
<tr><td colspan="5">6. 凭证审核
(1)未审核或审核不正确,每项扣 5 分</td><td>10</td><td></td></tr>
<tr><td colspan="5">7. 凭证记账
(1)未记账或记账不正确每项扣 5 分</td><td>10</td><td></td></tr>
<tr><td colspan="5">8. 凭证打印
(1)两张收款凭证未打印或打印不正确每项扣 3 分</td><td>5</td><td></td></tr>
<tr><td colspan="5">9. 票据粘贴
(1)需粘贴两张回单并附两张凭证,操作不正确每项扣 3 分</td><td>10</td><td></td></tr>
<tr><td>3</td><td>工作终结</td><td colspan="5">1. 清理工作现场
(1)清理不彻底扣 5 分</td><td>5</td><td></td></tr>
<tr><td colspan="2">总分</td><td colspan="7"></td></tr>
<tr><td colspan="2">备注</td><td colspan="7">在规定时间内未完成,每超过 5 分钟扣 5 分</td></tr>
</table>

考评员签字：　　　　　　　　　　　　考评日期：　　年　　月　　日

“低压居民集中器抄表及采集异常消缺”技能操作任务单（技师 003）

姓名：　　　　　　准考证号：　　　　　　　　得分：

一、任务描述

利用集中器现场抄读五户低压居民客户单相智能电能表，并根据采集运维闭环管理工单进行单相智能电能表采集异常消缺。

二、考核方式

实操（技能操作）。

三、标准用时

60 分钟。

四、注意事项

（1）应正确佩戴安全帽、手套，穿工作服、绝缘鞋。

（2）应装设围栏（遮栏），悬挂“止步，高压危险”警示牌。

（3）应正确进行三步法验电。

（4）注意操作者与带电设备保持足够的安全距离。

“低压居民集中器抄表及采集异常消缺”技能操作准备通知单（技师003）

一、场地位置及要求

（1）考场应设在室内采集运维台区仿真柜处。

（2）考场要求设置考核人员桌椅。

二、工器具及材料要求

（1）电脑：1台。

（2）仿真柜：1台。

（3）现场作业终端：1台。

（4）验电笔：1支。

（5）黑色签字笔：1支。

（6）常用工具（电工刀、一字螺丝刀）：1套。

（7）电价表：1份。

三、其他要求

（1）需两人配合操作。

（2）电脑上应有采集运维闭环管理模拟系统。

“低压居民集中器抄表及采集异常消缺”技能操作数据记录表（技师003）

姓名： **准考证号：** **得分：**

低压居民集中器抄表单

单位：kW·h

用户序号	用户编号	正向有功总	反向有功总	数据日期	抄表员
用户1					
用户2					
用户3					
用户4					
用户5					

“低压居民集中器抄表及采集异常消缺”操作评分记录表（技师003）

操作评分记录表

姓名		准考证号		工作单位	
标准用时	60 min	累计用时	点 分 ～ 点 分		

序号	项目	评分标准(满分为100分)	配分	得分
1	工作前准备	1. 主动出示(佩戴)有关证件 (1)不出示(佩戴)扣5分	5	
		2. 穿工作服、绝缘鞋，戴安全帽、手套 (1)未按要求的扣5分	5	
2	工作过程	1. 正确办理工作票 (1)未办理工作票扣5分	5	
		2. 正确进行三步法验电 (1)未验电扣10分 (2)验电过程不正确每处扣2分	10	

续表

姓名		准考证号		工作单位		
标准用时	60 min	累计用时	点　分 ～ 点　分			
序号	项目	评分标准(满分为100分)			配分	得分
2	工作过程	3. 排查过程中,操作应规范,闭环工单处理应正确 (1)排查过程存在不规范操作每次扣2分,造成仿真柜报警每次扣5分 (2)派工前工单未进行远程处理每个扣2分 (3)工单派工错误每个扣2分 (4)工单反馈故障原因不正确每项扣2分 (5)工单未归档每个扣5分			10	
		4. 电能表采集故障消缺应安全规范 (1)作业前未核对客户信息扣2分 (2)仪器、仪表使用不当每次扣2分 (3)出现仪表掉落扣2分,螺丝、端钮盒盖等每掉落一次扣1分 (4)消缺错误每工单扣5分 (5)消缺后未进行集中器点抄验证每次扣2分			30	
		5. 集中器抄表操作应正确,数据记录应完整 (1)集中器抄表操作不规范每次扣2分 (2)《低压居民集中器抄表单》记录遗漏、错误每处扣2分			25	
3	工作终结	1. 现场恢复原状,工器具现场无遗漏 (1)表尾盖拆除后未恢复、螺丝未拧或未拧紧每次扣1分 (2)表计未施封每处扣1分 (3)柜门未关闭每处扣1分 (4)工器具未放回原位每处扣1分 (5)拆回故障载波模块,未放置到指定位置每处扣1分 (6)未退出系统扣2分			10	
总分						
备注		在规定时间内未完成,每超过5分钟扣5分				

考评员签字：　　　　　　　　　考评日期：　　年　　月　　日

“执行分时电价电费复核”技能口述、笔试试题卡（技师 004）

姓名： **准考证号：** **得分：**

任务描述

某一商业客户变压器容量为 250 kVA，供电电压为 10 kV，计量方式为高供低计，执行分时电价，抄表例日为每月的 10 号。变压器型号为 S9，有功变损电量为 1884 kW・h（变损电量按比例分摊到高峰、平段、低谷各时段电量中），无功变损为 6473 kvar・h，实行单班运行。某段时间，电能表出现故障（相关信息见《故障电费信息表》），引起电费异常。经有关部门确定，故障时间为 6 月 11 日—7 月 10 日共计 30 天，在查阅生产记录并结合上几个月的电量情况确定追补抄见有功总电量为 70000 kW・h，按 15%、65%、20%分摊到高峰、平段、低谷各时段；追补抄见无功总电量为 25000 kvar・h。请根据《参考电费信息表》计算需要追补的电费（电费保留两位小数点）。

故障电费信息表

电量类型	抄见电量	变压器损耗电量	结算电量	销售电度电价
正向有功总	0	0	0	—
正向有功峰	0	0	0	0.7173
正向有功平	0	0	0	0.5192
正向有功谷	0	0	0	0.3211
正向无功总	0	0	0	—

参考电费信息表

电量类型	抄见电量	变压器损耗电量	结算电量	销售电度电价
正向有功总	70000	1884	71884	—
正向有功峰	10500	283	10783	0.7173
正向有功平	45500	1224	46724	0.5192
正向有功谷	14000	377	14377	0.3211
正向无功总	25000	6743	31743	—

“执行分时电价电费复核”技能口述、笔试评分标准（技师 004）

姓名： **准考证号：** **得分：**

参考答案及评分要点

1. 补抄高峰、平段、低谷电量（12 分）

补抄高峰电量＝70000×15％＝10500（kW·h）。

补抄平段电量＝70000×65％＝45500（kW·h）。

补抄低谷电量＝70000×20％＝14000（kW·h）。

2. 对应变损电量（20 分）

总变损电量＝1884（kW·h）

高峰变损电量＝$1884\times\frac{10500}{70000}$＝283（kW·h）。

低谷变损电量＝$1884\times\frac{14000}{70000}$＝377（kW·h）。

平段变损电量＝1884－283－377＝1224（kW·h）。

无功总变损电量＝6743（kvar·h）。

3. 结算电量（20 分）

结算有功总电量＝70000＋1884＝71884（kW·h）。

结算无功总电量＝25000＋6743＝31743（kvar·h）。

结算高峰电量＝10500＋283＝10783（kW·h）。

结算平段电量＝45500＋1224＝46724（kW·h）。

结算低谷电量＝14000＋377＝14377（kW·h）。

4. 追补电费（32 分）

高峰追补电费＝10783×（0.7173－0.02－0.0031－0.019－0.001968）
＝7259.46（元）。

平段追补电费＝46724×（0.5192－0.02－0.0031－0.019－0.001968）
＝22200.07（元）。

低谷追补电费＝14377×（0.3211－0.02－0.0031－0.019－0.001968）

＝3982.89（元）。

农网还贷电费＝71884×0.02＝1437.68（元）。

库区电费＝71884×0.0031＝222.84（元）。

可再生附加电费＝71884×0.019＝1365.80（元）。

水利基金电费＝71884×0.001968＝141.47（元）。

代征电费＝1437.68＋222.84＋1365.80＋141.47＝3167.79（元）。

5. 功率因数调整率（12分）

$$\text{实际功率因数}=\frac{\text{有功电量}}{\sqrt{\text{有功电量}^2+\text{无功电量}^2}}=\frac{71884}{\sqrt{71884^2+31743^2}}=0.91。$$

该客户的标准功率因数为0.85。

查《功率因数调整电费表》得到功率因数调整率为－0.65%。

6. 功率因数调整电费（4分）

功率因数调整电费＝（7259.46＋22200.07＋3982.89＋1437.68）×（－0.65%）

＝－226.72（元）。

考评员签字： 考评日期： 年 月 日

“新装用户电费复核”
技能口述、笔试试题卡（技师005）

姓名： **准考证号：** **得分：**

任务描述

某新装用户，2019年3月17日送电，供电容量为630 kVA，行业分类为“水污染治理”，执行电价为非工业电价，不执行分时电价，功率因数执行标准为0.85。抄表日期为每月的21日。2019年4月21日完成了第一次抄表，相关信息见下表。根据给定条件复核相关信息，若有错，请分析可能的原因并说明处理情况。

2019 年 4 月电量电费相关信息表

时间	结算有功电量/kW·h	结算无功电量/kvar·h	容量/kVA	基本电费/元
2019 年 3 月	0	0	0	0
2019 年 4 月	15100	12000	0	0

“新装用户电费复核”
技能口述、笔试评分标准（技师 005）

姓名：　　　　　　准考证号：　　　　　　　　　得分：

参考答案及评分要点

1. 分析原因（40 分）

（1）从表中看出，2019 年 3 月的结算有功、无功电量为 0，这是因为 3 月 21 日未抄表。

（2）2019 年 3 月、4 月的容量均为 0，这是因为该用户的执行电价为“非工业电价”，是不需要计算容量的，也不需要计算基本电费。

（3）根据给定的信息，该用户是从事“水污染治理”工作，供电容量是 630 kVA，按规定应执行“大工业电价”，不应该执行“非工业电价”。

（4）根据给定信息，该户功率因数执行标准也是错误的。

2. 处理情况（60 分）

（1）经调查、确认、审批后将错误信息改正。

（2）电价执行错误，导致电度电费、功率因数调整电费计算错误，基本电费无法计算。应按规定补交相应的基本电费，重新计算电度电费、功率因数调整电费。

（3）利用电量电费退补流程完成相关电费的退补工作。

考评员签字：　　　　　　　　　　　考评日期：　　年　　月　　日

“大工业客户电能计量装置的抄读与电费计算”技能操作任务单（技师006）

姓名： **准考证号：** **得分：**

一、任务描述

请对模拟大工业客户电能计量装置数据与信息进行抄读，并根据给定的相关材料进行电费计算。说明该大工业客户选择的基本电费计费方式是否合理，若不合理请分析原因。

二、考核方式

实操（技能操作）。

三、标准用时

40分钟。

四、注意事项

（1）应装设围栏（遮栏），悬挂“止步，高压危险”警示牌。

（2）注意操作者与带电设备保持足够的安全距离。

（3）注意操作者应对接触到的设备可能带电部位进行验电。

“大工业客户电能计量装置的抄读与电费计算”技能操作准备通知单（技师006）

一、场地位置及要求

（1）考场应设在抄核收实训室。

（2）考场要求设置考核人员桌椅。

二、工器具及材料要求

（1）考题所需的客户基本材料：1份。

（2）最新执行电价表：1份。

（3）《功率因数调整电费表》：1份。

（4）验电笔（自带验电点）：1 支。

（5）答题表格及夹板：若干。

（6）科学计算器：1 个。

（7）线手套：2 副。

“大工业客户电能计量装置的抄读与电费计算”技能操作数据记录表（技师 006）

姓名：　　　　　**准考证号：**　　　　　**得分：**

电能表生产厂商		电能表型号		电能表规格	
准确度等级和电能表常数	有功：	无功：	电能表编号		
电压	A相： B相： C相：		电流	A相： B相： C相：	
数据名称	当前表底数据	上一个月表底数据		上两个月表底数据	
正向有功总					
正向有功尖					
正向有功峰					
正向有功平					
正向有功谷					
组合无功Ⅰ					
当前正向有功需量		—		—	
电量计算	数据名称	本月电量		上一个月电量	
	正向有功总				
	正向有功尖				
	正向有功峰				
	正向有功平				
	正向有功谷				
	正向无功总				
电度电费计算	本月电度电费				
本月基本电费计算	本月需量电费计算				
	本月容量电费计算				
	客户选择基本电费计算方式是否合理及原因				
本月功率因数调整电费计算	用户应执行的电价类别				
	用户应执行的功率因数调整电费标准				
	本月用户功率因数				
	本月应收功率因数调整电费金额				
本月总电费计算					
结论					

图 9-1　大工业客户三相四线智能电能表抄表检查记录单

“大工业客户电能计量装置的抄读与电费计算”操作评分记录表（技师006）

操作评分记录表

<table>
<tr><td colspan="2">姓名</td><td colspan="3"> 准考证号 　　　　 工作单位 </td></tr>
<tr><td colspan="2">标准用时</td><td colspan="3">40 min　累计用时　　点　　分　～　　点　　分</td></tr>
<tr><td>序号</td><td>项目</td><td>评分标准(满分为100分)</td><td>配分</td><td>得分</td></tr>
<tr><td>1</td><td>工作前准备</td><td>1. 穿长袖工装、绝缘鞋，戴安全帽、线手套
(1)未穿戴齐全扣5分</td><td>5</td><td></td></tr>
<tr><td rowspan="6">2</td><td rowspan="6">工作过程</td><td>1. 对计量柜(箱)金属部分进行验电
(1)未验电扣5分
(2)验电过程不正确扣5分</td><td>10</td><td rowspan="6"></td></tr>
<tr><td>2. 核对电能表表号，并对电量、电压、电流、功率因数、需量、告警信息、通信状态等表计显示数据及信息进行抄录和解读
(1)数据和信息抄录、解读不正确每项扣2分
(2)未能通过表计信息解读计量异常问题每项扣5分</td><td>10</td></tr>
<tr><td>3. 通过给定的电流及电压互感器变比值计算倍率，根据电能表抄录的上一月和当前分时电量示数，计算本月分时电量
(1)倍率计算正确，本月分时电量计算不正确扣5分
(2)倍率计算不正确扣10分</td><td>10</td></tr>
<tr><td>4. 根据给定的电价表及计算的电量值计算电度电费
(1)计算不正确扣5分</td><td>5</td></tr>
<tr><td>5. 根据给定的计费方式(按容量或需量)计算基本电费
(1)需量电费计算不正确扣10分
(2)容量电费计算不正确扣10分</td><td>20</td></tr>
<tr><td>6. 根据电能表抄录的上一月和当前月的有功总表底、无功总表底、倍率计算平均功率因数(按四舍五入保留两位小数)。考生应熟悉功率因数考核办法，并根据《功率因数调整电费表》，最后计算总电费
(1)电价类别、功率因数执行标准错误每项扣5分
(2)本月用户功率因数计算错误扣5分
(3)本月用户功率因数调整电费计算错误扣5分
(4)总电费计算错误扣5分</td><td>20</td></tr>
</table>

续表

姓名		准考证号		工作单位	
标准用时	40 min	累计用时	点　分 ～　点　分		
序号	项目	评分标准(满分为 100 分)		配分	得分
2	工作过程	7. 分析总结 (1)分析总结用户当前功率因数,分析错误扣 5 分 (2)分析电能表表屏信息,分析错误扣 5 分 (3)分析总结电能表外观是否正常,分析错误扣 5 分		15	
3	工作终结	1. 操作结束后,应关好计量柜门,并清理桌面 (1)未关好计量柜门或未清理桌面扣 5 分		5	
总分					
备注					

考评员签字：　　　　　　　　　　　　考评日期：　　年　　月　　日

“运用营销远程实时费控系统处理停复电工单”技能口述、笔试试题卡（技师 007）

姓名：　　　　**准考证号：**　　　　**得分：**

任务描述

运用营销远程实时费控系统处理停复电工单，并跟踪工单状态。

“运用营销远程实时费控系统处理停复电工单”技能口述、笔试评分标准（技师 007）

姓名：　　　　**准考证号：**　　　　**得分：**

参考答案及评分要点

1. 登录营销远程费控系统（5 分）

使用指定账号登录营销远程费控系统。

2. 处理停电工单（40 分）

（1）进入费控停电工单处理界面。

（2）查询相应停电工单。

(3) 启动停电流程，审批停电工单。

(4) 停电工单审批完毕后，进行停电指令加密下发。

3. 处理复电工单（30分）

(1) 进入费控复电工单处理界面。

(2) 查询相应复电工单。

(3) 启动复电流程，审批复电工单。

(4) 复电工单审批完毕后，复电指令自动下发执行。

4. 查询工单状态（20分）

(1) 进入“控制指令执行情况查询”界面。

(2) 查询已处理的停电工单、复电工单。

5. 退出系统

退出营销远程费控系统，关闭相关界面。

考评员签字：　　　　　　　　　　　　　考评日期：　　年　　月　　日

“用电信息采集系统人工停送电”技能操作任务单（技师008）

姓名：　　　　　　　　**准考证号：**　　　　　　　　　　　　**得分：**

一、任务描述

利用用电信息采集系统进行人工停送电。

二、考核方式

实操（技能操作）。

三、标准用时

60分钟。

四、注意事项

(1) 应正确佩戴安全帽、手套，穿工作服、绝缘鞋。

(2) 注意操作者与带电设备保持足够的安全距离。

“用电信息采集系统人工停送电”技能操作准备通知单（技师 008）

一、场地位置及要求

(1) 考场应设在室内电能表计量箱处。

(2) 考场要求设置考核人员桌椅。

二、工器具及材料要求

(1) 电脑（装有用电信息采集系统测试库）：1 台。

(2) 黑色签字笔：1 支。

三、其他要求

需两人配合操作。

“用电信息采集系统人工停送电”操作评分记录表（008）

操作评分记录表

<table>
<tr><td colspan="2">姓名</td><td></td><td>准考证号</td><td></td><td>工作单位</td><td colspan="3"></td></tr>
<tr><td colspan="2">标准用时</td><td>60 min</td><td>累计用时</td><td colspan="5">点　分 ～ 点　分</td></tr>
<tr><td>序号</td><td>项目</td><td colspan="5">评分标准(满分为 100 分)</td><td>配分</td><td>得分</td></tr>
<tr><td rowspan="2">1</td><td rowspan="2">工作前准备</td><td colspan="5">1. 主动出示(佩戴)有关证件
(1)不出示(佩戴)证件扣 5 分</td><td>5</td><td rowspan="2"></td></tr>
<tr><td colspan="5">2. 穿工作服、绝缘鞋，戴安全帽、手套
(1)未按要求的扣 5 分</td><td>5</td></tr>
<tr><td>2</td><td>工作过程</td><td colspan="5">1. 正确登录用电信息采集系统
(1)未正确登录系统、未使用指定账号登录系统每项扣 5 分</td><td>5</td><td></td></tr>
</table>

续表

<table>
<tr><td colspan="2">姓名</td><td></td><td>准考证号</td><td colspan="2"></td><td>工作单位</td><td colspan="2"></td></tr>
<tr><td colspan="2">标准用时</td><td>60 min</td><td>累计用时</td><td colspan="5">点　　分　～　　点　　分</td></tr>
<tr><td>序号</td><td>项目</td><td colspan="5">评分标准(满分为 100 分)</td><td>配分</td><td>得分</td></tr>
<tr><td rowspan="4">2</td><td rowspan="4">工作过程</td><td colspan="5">2. 停电过程操作应规范
(1)未正确找到人工停电操作界面扣 5 分
(2)未通过户号查询到指定客户扣 5 分
(3)未正确进行停电操作扣 5 分
(4)停电不成功扣 3 分</td><td>10</td><td rowspan="4"></td></tr>
<tr><td colspan="5">3. 复电过程操作应规范
(1)未正确找到人工复电操作界面扣 5 分
(2)未通过户号查询到指定客户扣 5 分
(3)未正确进行复电操作扣 5 分
(4)复电不成功扣 3 分</td><td>10</td></tr>
<tr><td colspan="5">4. 自动复电失败流程说明
(1)未说明“点击采集运维闭环工单按钮”、未说明“进入采集运维闭环管理系统”每项扣 5 分
(2)未说明“查找并选中复电工单”、未说明“派发至绑定掌机的运维账号”每项扣 5 分
(3)未说明“掌机将收到该工单信息”、未说明“下载工单查看明细”每项扣 5 分
(4)未说明“到现场核对现场表计信息”、未说明“现场表计与系统信息核对无误”每项扣 5 分
(5)未说明“掌机现场复电操作时,掌机红外发射窗口应对准电表红外接收口”扣 5 分
(6)未说明“若为允许合闸,点击复电按钮”、未说明“如果操作成功掌机会显示执行成功、电表跳闸灯会不断闪烁、按住电表上按键 3 秒、跳闸熄灭复电成功、执行成功之后点击提交按钮”每项扣 3 分</td><td>50</td></tr>
<tr><td colspan="5">5. 退出用电信息采集系统
(1)未退出用电信息采集系统每项扣 5 分</td><td>5</td></tr>
<tr><td>3</td><td>工作终结</td><td colspan="5">1. 清理工作现场
(1)工器具未放回原处扣 5 分
(2)计量箱门未关、表尾盖未扣每处扣 5 分</td><td>10</td><td></td></tr>
<tr><td colspan="2">总分</td><td colspan="7"></td></tr>
</table>

考评员签字:　　　　　　　　　　　　　　考评日期:　　年　　月　　日

"10 kV 高供高计充换电设施用电电费计算"技能口述、笔试试题卡（技师 009）

姓名：　　　　　　准考证号：　　　　　　　　　　得分：

任务描述

某有限公司 2019 年 5 月向供电企业报装接电，报装类型属经营性集中式充换电设施用电，合同容量为 630 kVA，计量方式为高供高计，电流互感器变比为 120/5。供电公司供电电压等级为 10 kV。该户 7、8 月电量抄见示数如下表所示，求该户 8 月目录电度电费（不含农网还贷）、总代征电费、总电费（重大水利工程建设基金保留六位小数点）。

某有限公司 7、8 月电量抄见示数表

时间	正向有功总/kW·h	正向有功尖/kW·h	正向有功峰/kW·h	正向有功谷/kW·h	正向有功平/kW·h	正向无功总/kvar·h	反向无功总/kvar·h
7 月	13.81	0.87	4.25	2.21	6.47	5.03	0
8 月	25.61	3.50	6.35	4.28	11.46	8.94	0

"10 kV 高供高计充换电设施用电电费计算"技能口述、笔试评分标准（技师 009）

姓名：　　　　　　准考证号：　　　　　　　　　　得分：

参考答案及评分要点

1. 执行标准（10 分）

依据发改价格〔2014〕1668 号《国家发展改革委关于电动汽车用电价格政策有关问题的通知》或依据冀价管〔2014〕98 号《河北省物价局关于电动汽车用电价格政策有关问题的通知》，向电网经营企业直接报装接电的经营性集中式充换电设施用电执行大工业用电价格。2020年前，暂免基本电费。

依据冀北电财〔2018〕693号《河北省发展和改革委员会关于部分行业用电支持政策的通知》，2025年底前，对实行两部制电价的污水处理企业用电、电动汽车集中式充换电设施用电、港口岸电运营商用电、海水淡化用电，免收需量（容量）电费，自2019年1月1日起执行。

由上文可知，该户执行1～10 kV大工业用电价格，力调标准为0.90。

2. 综合倍率（5分）

综合倍率$=\frac{120}{5}\times100=2400$。

3. 抄见电量（32分）

抄见有功总电量=（25.61－13.81）×2400=28320（kW·h）。

抄见有功尖峰电量=（3.50－0.87）×2400=6310（kW·h）。

抄见有功峰电量=（6.35－4.25）×2400=5040（kW·h）。

抄见有功谷电量=（4.28－2.21）×2400=4968（kW·h）。

抄见有功平电量=28320－6310－5040－4968=12002（kW·h）。

抄见正向无功总电量=（8.94－5.03）×2400=9384（kvar·h）。

抄见反向无功总电量=0（kvar·h）。

抄见无功总电量=9384+0=9384（kvar·h）。

4. 目录电度电价（16分）

尖峰目录电度电价=0.8389－0.0031－0.019－0.001968－0.02
=0.794832（元/（kW·h））。

峰目录电度电价=0.7370－0.0031－0.019－0.001968－0.02
=0.692932（元/（kW·h））。

谷目录电度电价=0.3296－0.0031－0.019－0.001968－0.02
=0.285532（元/（kW·h））。

平目录电度电价=0.5333－0.0031－0.019－0.001968－0.02
=0.489232（元/（kW·h））。

5. 目录电度电费（15分）

尖峰目录电度电费=0.794832×6310=5015.40（元）。

峰目录电度电费=0.692932×5040=3492.38（元）。

谷目录电度电费＝0.285532×4968＝1418.52（元）。

平目录电度电费＝0.489232×12002＝5871.76（元）。

目录电度电费＝5015.40＋3492.38＋1418.52＋5871.76＝15798.06（元）。

6. 基本电费（2分）

依据文件，该用户免收基本电费，所以基本电费为0元。

7. 功率因数（5分）

$$功率因数=\frac{有功电量}{\sqrt{有功电量^2+无功电量^2}}=\frac{28320}{\sqrt{28320^2+9384^2}}=0.95。$$

8. 功率因数调整电费（5分）

该户力调标准为0.90，该户实际功率因数为0.95，根据《功率因数调整电费表》得电费调整率为－0.75％。

农网还贷电费＝28320×0.02＝566.40（元）。

功率因数调整电费＝15798.06＋566.4×（－0.75％）＝－122.70（元）。

9. 总代征电费（5分）

总代征电费＝28320×（0.0031＋0.019＋0.001968＋0.02）＝1248.00（元）。

10. 总电费（5分）

总电费＝15798.06＋1248.00－122.70＝17168.76（元）

考评员签字：　　　　　　　　　　考评日期：　　年　　月　　日

“自发自用余量上网光伏发电用户电费计算”技能口述、笔试试题卡（技师010）

姓名：　　　　　**准考证号：**　　　　　**得分：**

任务描述

某超市为380 V用电，合同容量为40 kVA，计量方式为低供低计。该户2019年10、11月电量抄见示数如下表所示。该户为光伏发电，安装位置为屋顶。2016年12月并网，发电量消纳模式为自发自用余量上网，接入点电压为380 V，接入点容量为40 kVA，2019年11月发电量为11320 kW·h，上网电量为8140 kW·h。求该用户11月使用的目录电度电费（不含农网还贷）、总代征电费、总电费，以及应支付给该用户的上网电费、补贴电费和电费总金额（重大水利工程建设基金保留小数点后6位）。

某超市10、11月电量抄见示数表

单位：kW·h

电量类型	10月电量抄见示数	11月电量抄见示数
正向有功总	5960	9591
正向有功峰	1747	2335
正向有功谷	2434	4213
正向有功平	1777	3042

“自发自用余量上网光伏发电用户电费计算”技能口述、笔试评分标准（技师010）

姓名：　　　　准考证号：　　　　得分：

参考答案及评分要点

1. 用电户抄见电量（16分）

抄见有功总电量＝9591－5960＝3631（kW·h）。

抄见有功峰电量＝2335－1747＝588（kW·h）。

抄见有功谷电量＝4213－2434＝1779（kW·h）。

抄见有功平电量＝3631－588－1779＝1264（kW·h）。

2. 用电户目录电度电价（12分）

峰目录电度电价＝0.7383－0.0031－0.019－0.001968－0.02＝0.694232（元）。

谷目录电度电价＝0.3301－0.0031－0.019－0.001968－0.02＝0.286032（元）。

平目录电度电价＝0.5342－0.0031－0.019－0.001968－0.02＝0.490132（元）。

3. 用电户目录电度电费（16分）

峰目录电度电费＝0.694232×588＝408.21（元）。

谷目录电度电费＝0.286032×1779＝508.85（元）。

平目录电度电费＝0.490132×1264＝619.53（元）。

目录电度电费＝408.21＋508.85＋619.53＝1536.59（元）。

4. 用电户总代征电费（8分）

自发自用电量现阶段免征各项基金及附加费，故对应的代征电费为0元。

总代征电费＝3631×（0.0031＋0.019＋0.001968＋0.02）＝160.01（元）。

5. 用电户总电费（3分）

总电费＝1536.59＋160.01＝1696.60（元）。

6. 发电户执行标准（5分）

依据冀价管〔2015〕252号《河北省物价局关于光伏发电项目有关电价补贴政策的通知》对屋顶分布式光伏发电项目（不包括金太阳示范工程），按照全电量进行电价补贴，补贴标准为每千瓦时0.2元，由省电网企业在转付国家补贴时一并结算。对2015年10月1日至2017年底以前建成投产的项目，自并网之日起补贴3年。对余量上网电量由省电网企业按照当地燃煤机组标杆上网电价结算，并随标杆上网电价的调整相应调整。

7. 发电户补贴电价及上网电价（15分）

中央补贴电价（发电量）为每千瓦时0.42元。

省级补贴电价（发电量）为每千瓦时0.20元。

上网电价（上网电量）为每千瓦时0.372元。

8. 应支付给用户补贴电费及上网电费（20分）

中央补贴电费＝11320×0.42＝4754.40（元）。

省级补贴电费＝11320×0.20＝2264.00（元）。

总补贴电费＝4754.40＋2264.00＝7018.40（元）。

上网电费＝8140×0.372＝3028.08（元）。

9. 应支付给用户电费总金额（5分）

电费总金额＝7018.40＋3028.08＝10046.48元。

考评员签字：　　　　　　　　　　　　考评日期：　　年　　月　　日

十、抄表核算收费员
高级技师

"10 kV 高供低计客户电费计算"
技能口述、笔试试题卡（高级技师 001）

姓名： **准考证号：** **得分：**

任务描述

某非工业用户，变压器容量为 315 kVA，10 kV 供电低压侧装表计量，电流互感器变比为 400/5，该户当月有功变损电量为 490 kW·h、无功变损电量为 3630 kvar·h。该户 7、8 月电量抄见示数如下表所示，求该户 8 月总电费。

某非工业用户 7、8 月电量抄见示数表

时间	正向有功总/kW·h	正向有功尖/kW·h	正向有功峰/kW·h	正向有功谷/kW·h	正向有功平/kW·h	正向无功总/kvar·h	反向无功总/kvar·h
7 月	471.95	18.60	208.58	68.47	176.28	118.63	0
8 月	487.93	21.68	214.33	70.95	180.97	126.01	0

"10 kV 高供低计客户电费计算"
技能口述、笔试评分标准（高级技师 001）

姓名： **准考证号：** **得分：**

参考答案及评分要点

1. 执行标准（5 分）

此户执行非工业电价、峰谷电价，力调标准为 0.85，计量方式为高供低计，需要征收变损电量。

2. 抄见电量（24 分）

抄见有功总电量＝（487.93－471.95）×80＝1278（kW·h）。

抄见有功尖峰电量＝（21.68－18.60）×80＝246（kW·h）。

抄见有功峰电量＝（214.33－208.58）×80＝460（kW·h）。

抄见有功谷电量＝（70.95－68.47）×80＝198（kW·h）。

抄见有功平电量＝1278－246－460－198＝374（kW·h）。

抄见无功总电量＝（126.01－118.63）×80＝590（kvar·h）。

3. 结算电量（24分）

结算有功总电量＝1278＋490＝1768（kW·h）。

结算无功总电量＝590＋3630＝4220（kvar·h）。

结算有功尖峰电量$=246+\frac{490\times 246}{1278}=340$（kW·h）。

结算有功峰电量$=460+\frac{490\times 460}{1278}=636$（kW·h）。

结算有功谷电量$=198+\frac{490\times 198}{1278}=274$（kW·h）。

结算有功平电量＝1768－340－636－274＝518（kW·h）。

4. 目录电度电费（20分）

尖峰目录电度电费＝340×（0.8163－0.02－0.0031－0.019－0.001968）＝262.56（元）。

峰目录电度电费＝636×（0.7173－0.02－0.0031－0.019－0.001968）＝428.18（元）。

谷目录电度电费＝274×（0.3211－0.02－0.0031－0.019－0.001968）＝75.91（元）。

平目录电度电费＝518×（0.5192－0.02－0.0031－0.019－0.001968）＝246.12（元）

目录电度电费＝262.56＋428.18＋246.12＋75.91＝1012.77（元）。

5. 力调电费（9分）

农网还贷电费＝1768×0.02＝35.36（元）。

功率因数$=\frac{\text{有功电量}}{\sqrt{\text{有功电量}^2+\text{无功电量}^2}}=\frac{1768}{\sqrt{1768^2+4220^2}}=0.39$。此户力调标准为0.85，查表得出力调电费调整比例为57%。

力调电费＝（1012.77＋35.36）×0.57＝597.43（元）。

6. 总代征电费（12 分）

库区电费＝1768×0.0031＝5.48（元）。

可再生附加电费＝1768×0.019＝33.59（元）。

水利基金电费＝1768×0.001968＝3.48（元）。

总代征电费＝库区电费＋可再生附加电费＋水利基金电费＝5.48＋33.59＋3.48＝42.55（元）。

7. 总电费（6 分）

总电费＝1012.77＋597.43＋35.36＋5.48＋33.59＋3.48＝1688.11（元）。

考评员签字： 考评日期： 年 月 日

“10 kV 高供高计客户电费计算”技能口述、笔试试题卡（高级技师 002）

姓名： **准考证号：** **得分：**

任务描述

某工业用户变压器容量为 250 kVA，10 kV 供电高压侧装表计量，电流互感器变比为 20/5，该户 7、8 月电量抄见示数如下表所示，求该户 8 月总电费。

某工业用户 7、8 月电量抄见示数表

时间	正向有功总/kW·h	正向有功尖/kW·h	正向有功峰/kW·h	正向有功谷/kW·h	正向有功平/kW·h	正向无功总/kvar·h	反向无功总/kvar·h
7 月	362.93	15.32	95.32	149.82	102.46	26.51	0
8 月	405.38	20	102.67	164.39	118.32	29.87	0

“10 kV高供高计客户电费计算”技能口述、笔试评分标准（高级技师002）

姓名： **准考证号：** **得分：**

参考答案及评分要点

1. 执行标准（5分）

此户执行普通工业电价、峰谷电价，力调标准为0.90。

2. 综合倍率（5分）

综合倍率$=\frac{10000}{100}\times\frac{20}{5}=400$。

3. 抄见电量（30分）

抄见有功总电量＝（405.38－362.93）×400＝16980（kW·h）。

抄见有功尖峰电量＝（20－15.32）×400＝1872（kW·h）。

抄见有功峰电量＝（102.67－95.32）×400＝2940（kW·h）。

抄见有功谷电量＝（164.39－149.82）×400＝5828（kW·h）。

抄见有功平电量＝16980－1872－2940－5828＝6340（kW·h）。

抄见无功总电量＝（29.87－26.51）×400＝1344（kvar·h）。

4. 目录电度电费（25分）

尖峰目录电度电费＝1872×（0.8163－0.02－0.0031－0.019－0.001968）＝1445.62（元）。

峰目录电度电费＝2940×（0.7173－0.02－0.0031－0.019－0.001968）＝1979.30（元）。

谷目录电度电费＝5828×（0.3211－0.02－0.0031－0.019－0.001968）＝1614.54（元）。

平目录电度电费＝6340×（0.5192－0.02－0.0031－0.019－0.001968）＝3012.34（元）。

目录电度电费＝1445.62＋1979.30＋3012.34＋1614.54＝8051.80（元）。

5. 力调电费（15 分）

农网还贷电费＝16980×0.02＝339.60（元）。

功率因数$=\frac{有功电量}{\sqrt{有功电量^2+无功电量^2}}=\frac{16980}{\sqrt{16980^2+1344^2}}=1$。力调标准为0.90，查表得出力调电费调整比例为－0.75％。

力调电费＝（8051.80＋339.60）×（－0.0075）＝－62.94（元）。

6. 总代征电费（16 分）

库区电费＝16980×0.0031＝52.64（元）。

可再生附加电费＝16980×0.019＝322.62（元）。

水利基金电费＝16980×0.001968＝33.42（元）。

总代征电费＝库区电费＋可再生附加电费＋水利基金电费＝52.64＋322.62＋33.42＝408.68（元）。

7. 总电费（4 分）

总电费＝8051.80－62.94＋339.60＋408.68＝8737.14（元）。

考评员签字：　　　　　　　　　　　　考评日期：　　年　　月　　日

“用户私自增容现场补录数据并计算电费”技能操作任务单（高级技师 003）

姓名：　　　　　　**准考证号：**　　　　　　　　　　**得分：**

一、任务描述

某工业用户变压器容量为 400 kVA，采用高供高计方式。8 月 1 日用户私自增加一台 100 kVA 变压器，在停送电过程中高供高计 B 相保险烧毁，9 月 1 日需要现场补录数据并进行电费计算。

二、考核方式

实操（技能操作）。

三、标准用时

60 分钟。

四、注意事项

（1）应正确佩戴安全帽、手套，穿工作服、绝缘鞋。

（2）注意操作者与带电设备保持足够的安全距离。

“用户私自增容现场补录数据并计算电费”技能操作准备通知单（高级技师003）

一、场地位置及要求

（1）考场应设在室内电能表计量箱处。

（2）考场要求设置考核人员桌椅。

二、工器具及材料要求

（1）闭环模拟系统：1套。

（2）电价表：1份。

（3）计算器：1个。

（4）黑色签字笔：1支。

三、其他要求

需两人配合操作。

“用户私自增容现场补录数据并计算电费”技能操作数据记录表（高级技师 003）

姓名：　　　　　　**准考证号：**　　　　　　　　　**得分：**

<table>
<tr><td>电能表
厂商</td><td colspan="3"></td><td colspan="2">电能表型号</td><td colspan="2"></td><td colspan="2">电能表条码</td><td colspan="2"></td></tr>
<tr><td colspan="4">电压值</td><td colspan="8">电流值</td></tr>
<tr><td>U_A</td><td colspan="3"></td><td colspan="2">I_A</td><td colspan="6"></td></tr>
<tr><td>U_B</td><td colspan="3"></td><td colspan="2">I_B</td><td colspan="6"></td></tr>
<tr><td>U_C</td><td colspan="3"></td><td colspan="2">I_C</td><td colspan="6"></td></tr>
<tr><td>当前正向
有功总电量</td><td colspan="5"></td><td colspan="2">上一月正向
有功总电量</td><td colspan="4"></td></tr>
<tr><td>当前正向
有功尖电量</td><td></td><td colspan="2">当前反向
有功尖电量</td><td colspan="2"></td><td colspan="2">上一月正向
有功尖电量</td><td></td><td colspan="2">上一月反向
有功尖电量</td><td></td></tr>
<tr><td>当前正向
有功峰电量</td><td></td><td colspan="2">当前反向
有功峰电量</td><td colspan="2"></td><td colspan="2">上一月正向
有功峰电量</td><td></td><td colspan="2">上一月反向
有功峰电量</td><td></td></tr>
<tr><td>当前正向
有功平电量</td><td></td><td colspan="2">当前反向
有功平电量</td><td colspan="2"></td><td colspan="2">上一月正向
有功平电量</td><td></td><td colspan="2">上一月反向
有功平电量</td><td></td></tr>
<tr><td>当前正向
有功谷电量</td><td></td><td colspan="2">当前反向
有功谷电量</td><td colspan="2"></td><td colspan="2">上一月正向
有功谷电量</td><td></td><td colspan="2">上一月反向
有功谷电量</td><td></td></tr>
<tr><td>异常情
况记录</td><td colspan="11"></td></tr>
<tr><td>本月追
退补电费
计算</td><td colspan="11"></td></tr>
<tr><td>本月违
约使用电
费计算</td><td colspan="11"></td></tr>
</table>

图 10-1　某供电公司违约用电用户处理工作单

“用户私自增容现场补录数据并计算电费”操作评分记录表（高级技师 003）

操作评分记录表

<table>
<tr><td colspan="2">姓名</td><td></td><td>准考证号</td><td></td><td>工作单位</td><td colspan="2"></td></tr>
<tr><td colspan="2">标准用时</td><td>60 min</td><td>累计用时</td><td colspan="4">点　分 ～ 点　分</td></tr>
<tr><td>序号</td><td>项目</td><td colspan="4">评分标准(满分为 100 分)</td><td>配分</td><td>得分</td></tr>
<tr><td rowspan="2">1</td><td rowspan="2">工作前准备</td><td colspan="4">1. 主动出示(佩戴)有关证件
(1)不出示(佩戴)证件扣 2 分</td><td>2</td><td rowspan="2"></td></tr>
<tr><td colspan="4">2. 穿工作服、绝缘鞋，戴安全帽、手套
(1)未按要求的扣 3 分</td><td>3</td></tr>
<tr><td rowspan="6">2</td><td rowspan="6">工作过程</td><td colspan="4">1. 现场抄表应满足安全工作规程要求
(1)触碰电能表按钮以外设备每次扣 2 分</td><td>4</td><td rowspan="6"></td></tr>
<tr><td colspan="4">2. 抄录的电能表基本信息及电压、电流值应正确
(1)每错误 1 项扣 1 分</td><td>9</td></tr>
<tr><td colspan="4">3. 用户电量信息抄录应正确
(1)每错误 1 项扣 1 分</td><td>9</td></tr>
<tr><td colspan="4">4. 异常情况应记录
(1)未发现计量装置异常或异常查找错误扣 9 分
(2)未发现违约用电或违约用电查找错误扣 9 分</td><td>18</td></tr>
<tr><td colspan="4">5. 追补电费计算应正确
(1)更正系数计算错误扣 10 分
(2)追补电量计算错误扣 10 分
(3)追补电费计算错误扣 10 分</td><td>30</td></tr>
<tr><td colspan="4">6. 违约用电客户电费计算应正确
(1)违约依据条款错误扣 5 分
(2)违约电费计算错误扣 15 分</td><td>20</td></tr>
<tr><td>3</td><td>工作终结</td><td colspan="4">1. 清理工作现场
(1)工器具未放回原处扣 2 分
(2)计量箱门未关、表尾盖未扣每处扣 2 分</td><td>5</td><td></td></tr>
<tr><td colspan="2">总分</td><td colspan="6"></td></tr>
</table>

考评员签字：　　　　　　　　　　　　考评日期：　　年　　月　　日

“非居民用户集中器抄表及采集故障处理”技能操作任务单（高级技师 004）

姓名： **准考证号：** **得分：**

一、任务描述

利用集中器现场抄读非居民用户电能表，若抄读不成功应进行采集故障处理。

二、考核方式

实操（技能操作）。

三、标准用时

60 分钟。

四、注意事项

（1）应正确佩戴安全帽、手套，穿工作服、绝缘鞋。

（2）注意操作者与带电设备保持足够的安全距离。

“非居民用户集中器抄表及采集故障处理”技能操作准备通知单（高级技师 004）

一、场地位置及要求

（1）考场应设在室内电能表计量箱处。

（2）考场要求设置考核人员桌椅。

二、工器具及材料要求

（1）电脑：1 台。

（2）仿真柜：1 台。

（3）现场作业终端（具备载波模块）：1 台。

（4）工作任务单：1 张。

（5）工作票：1 张。

三、其他要求

(1) 需两人配合操作。

(2) 电脑上应有采集运维闭环管理模拟系统。

“非居民用户集中器抄表及采集故障处理”操作评分记录表（高级技师004）

操作评分记录表

<table>
<tr><td colspan="2">姓名</td><td></td><td>准考证号</td><td></td><td>工作单位</td><td colspan="3"></td></tr>
<tr><td colspan="2">标准用时</td><td>20 min</td><td>累计用时</td><td colspan="5">点　分 ～　点　分</td></tr>
<tr><td>序号</td><td>项目</td><td colspan="5">评分标准(满分为100分)</td><td>配分</td><td>得分</td></tr>
<tr><td rowspan="2">1</td><td rowspan="2">工作前准备</td><td colspan="5">1. 主动出示(佩戴)有关证件
(1)不出示(佩戴)证件扣2分</td><td>2</td><td rowspan="2"></td></tr>
<tr><td colspan="5">2. 穿工作服、绝缘鞋，戴安全帽、手套
(1)未按要求的扣5分</td><td>5</td></tr>
<tr><td rowspan="4">2</td><td rowspan="4">工作过程</td><td colspan="5">1. 正确办理工作票
(1)未办理工作票扣5分</td><td>5</td><td rowspan="4"></td></tr>
<tr><td colspan="5">2. 正确登录采集运维闭环管理系统
(1)未正确登录系统扣2分
(2)未使用指定账号登录扣2分</td><td>4</td></tr>
<tr><td colspan="5">3. 正确进行三步法验电
(1)未验电扣4分
(2)验电过程不正确每处扣2分</td><td>4</td></tr>
<tr><td colspan="5">4. 排查过程操作应规范，闭环工单处理应正确
(1)排查过程存在不规范操作每次扣2分，造成仿真柜报警每次扣5分
(2)派工前工单未进行远程处理每个扣2分
(3)工单派出错误每个扣2分
(4)工单反馈故障原因不正确每项扣2分
(5)工单未归档每个扣5分</td><td>20</td></tr>
</table>

续表

姓名			准考证号		工作单位	
标准用时		20 min	累计用时	点　分 ～ 点　分		
序号	项目	评分标准(满分为 100 分)			配分	得分
2	工作过程	5. 电能表采集故障消缺应安全规范 (1)作业前未核对用户信息每次扣 2 分 (2)仪器使用不当每次扣 2 分 (3)出现仪表掉落扣 2 分;螺丝、模块、端钮盒盖等每掉落一次扣 1 分 (4)消缺错误每工单扣 5 分 (5)消缺后未进行集中器点抄验证每次扣 2 分 (6)RS-485 端子通信故障,未通过电压测量扣 2 分;拆下 RS-485 端子未作绝缘处理每处扣 1 分			20	
		6. 集中器抄表操作应正确 (1)集中器抄表操作不规范每次扣 10 分 (2)《非居民用户抄表单》记录遗漏、错误每处扣 10 分			20	
3	工作终结	1. 清理工作现场 (1)工器具未放回原处扣 5 分 (2)计量箱门未关、表尾盖未扣每处扣 5 分			10	
总分						
备注		在规定时间内未完成,每超过 5 分钟扣 5 分				

考评员签字:　　　　　　　　　　　　　　考评日期:　　年　　月　　日

“三相四线电能计量装置错误接线检查”技能操作任务单（高级技师 005）

姓名:　　　　　　**准考证号:**　　　　　　　　　　**得分:**

一、任务描述

依据给定条件，对三相四线电能计量装置进行错误接线检查，判断错误接线形式，计算退补电量。

二、考核方式

实操（技能操作）。

三、标准用时

40 分钟。

四、注意事项

(1) 禁止电流互感器二次侧开路，电压互感器二次侧短路。

(2) 禁止用手触摸带电裸露螺丝。

“三相四线电能计量装置错误接线检查”技能操作准备通知单（高级技师 005）

一、场地位置及要求

（1）考场应设在培训中心错接线分析实训室。

（2）考场要求设置考核人员桌椅。

二、工器具及材料要求

（1）相位伏安表：1 台。

（2）相序表：1 台。

（3）验电笔：1 支。

（4）绝缘手套：1 副。

（5）安全帽：1 个。

“三相四线电能计量装置错误接线检查”技能操作数据记录表（高级技师 005）

姓名： **准考证号：** **得分：**

一、外观检查			
序号	记录项目	结果记录	备注
1	三相四线电能表型号		
2	电能表生产厂家		
3	电能表准确度等级	有功： 无功：	

二、实际测量值记录（电压值要求保留 1 位小数，电流值要求保留 2 位小数，相位角保留整数位）					
U_{10}		U_{20}		U_{30}	
I_1		I_2		I_3	
$\dot{U}_{10}\hat{}\dot{I}_1$		$\dot{U}_{20}\hat{}\dot{I}_2$		$\dot{U}_{30}\hat{}\dot{I}_3$	
电压相序（正/逆）					

二、画出错误接线状态下的相量图

四、第一元件：电压________，电流________。
第二元件：电压________，电流________。
第三元件：电压________，电流________。

五、写出错误接线状态下的功率表达式

第一元件功率表达式：P1=

第二元件功率表达式：P2=

第三元件功率表达式：P3=

总功率表达式（需要化简）：P=

六、计算更正系数

七、在错误接线期间电能表抄见电量为 500 kW · h，月平均功率因数为 0.898，请计算实际用电量及应追/退电量（保留两位小数）

图 10-2 三相四线电能计量装置错误接线检查记录单

“三相四线电能计量装置错误接线检查”操作评分记录表（高级技师005）

操作评分记录表

<table>
<tr><td colspan="2">姓名</td><td colspan="3">　|准考证号|　|工作单位|　</td></tr>
<tr><td colspan="2">标准用时</td><td colspan="3">60 min | 累计用时 | 点　分 ～ 点　分</td></tr>
<tr><td>序号</td><td>项目</td><td>评分标准(满分为100分)</td><td>配分</td><td>得分</td></tr>
<tr><td>1</td><td>工作前准备</td><td>1. 戴安全帽,穿工作服、绝缘鞋
(1)未按要求的每处扣3分</td><td>5</td><td></td></tr>
<tr><td rowspan="5">2</td><td rowspan="5">工作过程</td><td>1. 正确进行三步法验电
(1)未验电扣5分
(2)验电方式不正确每处扣2分</td><td>5</td><td rowspan="5"></td></tr>
<tr><td>2. 检查电能表外观,抄录基本信息
(1)未进行外观检查扣2分
(2)电能表型号、厂家、准确度等级抄录错误每处扣2分</td><td>5</td></tr>
<tr><td>3. 正确使用工器具
(1)仪表带电切换档位、档位选择不正确每处扣2分
(2)工具使用不合理每处扣1分
(3)操作过程中工具每掉落一次扣1分,器具每掉落一次扣7分</td><td>7</td></tr>
<tr><td>4. 正确测量二次电压、二次电流及相关相位角
(1)二次电压值测量应正确,少测或测错每处扣2分
(2)二次电压值应保留一位小数,小数点保留错误每处扣1分
(3)二次电流值应保留两位小数,小数点保留错误每处扣1分
(4)各数值缺少单位每处扣1分
(5)相位角测量应正确,角度应保留整数位。数据未按要求保留每处扣1分</td><td>14</td></tr>
<tr><td>5. 绘制错误接线向量图
(1)相量画错每处扣4分
(2)每组电压、电流向量画错扣7分</td><td>20</td></tr>
</table>

续表

姓名			准考证号		工作单位		
标准用时		60 min	累计用时	点　分 ～　点　分			
序号	项目	评分标准(满分为 100 分)				配分	得分
2	工作过程	6. 错误接线分析 (1)错误接线分析应正确,每组分析错误扣 3 分 (2)接线形式分析错误每处扣 3 分				9	
		7. 功率表达式 (1)功率表达式 P1、P2、P3 写错每处扣 6 分,P 式写错扣 4 分 (2)计算不正确每处扣 2 分				10	
		8. 更正系数 (1)更正系数表达式错误扣 5 分 (2)未化为最简式扣 2 分 (3)化简步骤少于两步扣 5 分				10	
		9. 退补电量计算 (1)计算错误扣 10 分				10	
3	工作终结	1. 清理工作现场 (1)现场清理不干净扣 5 分				5	
总分							
备注		在规定时间内未完成,每超过 5 分钟扣 5 分					

考评员签字：　　　　　　　　　　　　　考评日期：　　年　　月　　日

“居民用户现场电价稽查”
技能口述、笔试试题卡（高级技师 006）

姓名：　　　　　　**准考证号：**　　　　　　**得分：**

任务描述

某分公司营销部电价专责员 2019 年 10 月 30 日现场稽查电价执行情况，发现某居民用户李某从表后私自为刘某的街边理发店提供电源，刘某理发店用电容量为 2 kW（全部峰段用电），李某住宅用电容量为 3 kW。街边理发经营日期为 2019 年 10 月 1 日。经客户李某确认，现场只安装一块单相智能电表，该居民用户抄表例日为每月 1 日。经营销业务应用系统查询，该户 10 月用电量为 500 kW·h，截至 2019 年 10 月 1 日年阶梯累计电量为 2060 kW·h。

阶梯电量分档标准：第一档电量 2160 kW·h、第二档电量 2161 kW·h～3360 kW·h、第三档电量 3361 kW·h 及以上。

第一档电量的电价实行基础电价，第二档电量的电价比基础电价提高 0.05 元，第三档电量的电价比基础电价提高 0.3 元。

(1) 依据《供电营业规则》，李某的违约用电行为有哪些？

(2) 本次电价稽查应补收该户电费多少元？(电量保留整数，电费保留两位小数)

(3) 供电企业应对李某进行哪些处理？

"居民用户现场电价稽查"技能口述、笔试评分标准（高级技师 006）

姓名： **准考证号：** **得分：**

参考答案及评分要点

1. 违约用电行为（10 分）

依据《供电营业规则》，李某的违约用电行为有两个方面，一是擅自供出电源，二是私自改变用电类别。

2. 应收电费（50 分）

现场居民生活用电应执行居民电价每千瓦时 0.52 元。

理发店用电应执行一般工商业电价每千瓦时 0.7383 元。

一般工商业电量定比值$=\frac{2}{2+3}=0.4$。

一般工商业电量＝500×0.4＝200（kW·h）。

居民电量＝500－200＝300（kW·h）。

居民第一档电量＝（180×12）－2060＝100（kW·h）。

居民第二档电量＝300－100＝200（kW·h）。

居民电费计算：

居民基础电费＝300×0.52＝156.00（元）。

居民第二档递增电费＝200×0.05＝10.00（元）。

居民合计电费＝156.00＋10.00＝166.00（元）。

一般工商业电费计算：

一般工商业电费＝200×0.7383＝147.66（元）。

应收电费＝166.00＋147.66＝313.66（元）。

3. 已收电费（15分）

第一档基础电费＝500×0.52＝260.00（元）。

第二档递增电费＝［2060＋500－（180×12）］×0.05＝20.00（元）。

已收电费＝260.00＋20.00＝280.00（元）。

4. 应补收电费（10分）

应补收电费＝313.66－280.00＝33.66（元）。

5. 供电企业应对李某进行的处理（15分）

依据《供电营业规则》相关规定，供电企业应对李某进行如下处理：

（1）拆除李某私自转供电线路。

（2）李某应承担私自供出电源容量的每千瓦500元违约使用电费，500×2＝1000.00元。

（3）对李某补收差额电费，让李某承担两倍差额电费的违约使用电费（计算差额电费时，违约用电时间按实际使用时间计算。现场街边理发店经营日期为2019年10月1日，使用时间为1个月）。

违约使用电费＝33.66×2＝67.32（元）。

考评员签字： 考评日期： 年 月 日

“10 kV高供高计经营性集中式充换电设施用电电费计算”技能口述、笔试试题卡（高级技师007）

姓名： 准考证号： 得分：

任务描述

某有限公司2017年2月向供电企业直接报装10 kV经营性集中式充换电设施用电，变压器容量为100 kVA，计量方式为高供高计，电流互感器变比为10/5，该户8、9月电量抄见示数如下表所示，求该户9月目录电度电费（不含农网还贷）、总代征电费、总电费（重大水利工程建设基金保留六位小数点）。

某有限公司8、9月电量抄见示数表

时间	正向有功总/kW·h	正向有功尖/kW·h	正向有功峰/kW·h	正向有功谷/kW·h	正向有功平/kW·h	正向无功总/kvar·h	反向无功总/kvar·h
8月	2064.97	65.60	406.19	1012.32	580.86	213.92	0
9月	2121.16	71.07	419.60	1037.97	592.50	221.26	0

“10 kV高供高计经营性集中式充换电设施用电电费计算”技能口述、笔试评分标准（高级技师007）

姓名：　　　　　　准考证号：　　　　　　　　　得分：

参考答案及评分要点

1. 执行标准（5分）

依据发改价格〔2014〕1668号《国家发展改革委关于电动汽车用电价格政策有关问题的通知》或依据冀价管〔2014〕98号《河北省物价局关于电动汽车用电价格政策有关问题的通知》，向电网经营企业直接报装接电的经营性集中式充换电设施执行大工业用电价格。2020年前，暂免基本电费。

依据冀北电财〔2018〕693号《河北省发展和改革委员会关于部分行业用电支持政策的通知》，2025年底前，对实行两部制电价的污水处理企业用电、电动汽车集中式充换电设施用电、港口岸电运营商用电、海水淡化用电，免收需量（容量）电费，自2019年1月1日起执行。

由上文可知，该户执行1～10 kV大工业用电价格，力调标准为0.85。

2. 综合倍率（5分）

综合倍率$=\frac{10}{5}\times\frac{10000}{100}=200$。

3. 抄见电量（28分）

抄见有功总电量＝（2121.16－2064.97）×200＝11238（kW·h）。

抄见有功尖峰电量＝（71.07－65.60）×200＝1094（kW·h）。

抄见有功峰电量＝（419.60－406.19）×200＝2682（kW·h）。

抄见有功谷电量＝（1037.97－1012.32）×200＝5130（kW·h）。

抄见有功平电量＝11238－1094－2682－5130＝2332（kW·h）。

抄见无功总电量＝（221.26－213.92）×200＝1468（kvar·h）。

抄见反向无功总电量＝0（kvar·h）。

4. 目录电度电价（16分）

尖峰目录电度电价＝0.8389－0.0031－0.019－0.001968－0.02
＝0.794832（元/（kW·h））。

峰目录电度电价＝0.7370－0.0031－0.019－0.001968－0.02
＝0.692932（元/（kW·h））。

谷目录电度电价＝0.3296－0.0031－0.019－0.001968－0.02
＝0.285532（元/（kW·h））。

平目录电度电价＝0.5333－0.0031－0.019－0.001968－0.02
＝0.489232（元/（kW·h））。

5. 目录电度电费（16分）

尖峰目录电度电费＝0.794832×1094＝869.55（元）。

峰目录电度电费＝0.692932×2682＝1858.44（元）。

谷目录电度电费＝0.285532×5130＝1464.78（元）。

平目录电度电费＝0.489232×2332＝1140.89（元）。

目录电度电费＝869.55＋1858.44＋1464.78＋1140.89＝5333.66（元）。

6. 基本电费（5分）

根据文件，该用户免收基本电费，所以基本电费为0元。

7. 功率因数（5分）

$$功率因数=\frac{有功电量}{\sqrt{有功电量^2+无功电量^2}}=\frac{11238}{\sqrt{11238^2+1468^2}}=0.99。$$

8. 功率因数调整电费（10分）

该户力调标准为0.85，该户实际功率因数为0.99，根据《功率因数调整电费表》得电费调整率为－1.1%。

农网还贷电费＝11238×0.02＝224.76（元）。

功率因数调整电费＝（5333.66＋224.76＋0）×（－1.1%）＝－61.14（元）。

9. 总代征电费（5 分）

总代征电费＝11238×（0.0031＋0.019＋0.001968＋0.02）＝495.24（元）。

10. 总电费（5 分）

总电费＝5333.66＋495.24－61.14＝5767.76（元）。

考评员签字：　　　　　　　　　　　　　　考评日期：　　年　　月　　日

“110 kV 高供高计定量用户更换需量表电费计算”技能口述、笔试试题卡（高级技师 008）

姓名：　　　　　　**准考证号：**　　　　　　　　　　**得分：**

任务描述

某大工业用户 110 kV 用电，合同容量为 31500 kVA，计量方式为高供高计，电流互感器变比为 400/5，其中 35 kV 办公用电定量每月 25710 kW·h，抄表例日为 15 日。2019 年 8 月 30 日更换需量表，该户 2019 年 8、9 月电量抄见示数如下表所示，基本电费按需量计收。求该用户 9 月目录电度电费（不含农网还贷）、总代征电费、总电费（重大水利工程建设基金保留六位小数点）。

某工业用户 8、9 月电量抄见示数表

电量类型	8 月	9 月
正向有功总/kW·h	38715.73	38719.21
正向有功尖/kW·h	1267.89	1268.14
正向有功峰/kW·h	11604.54	11605.45
正向有功谷/kW·h	12972.75	12973.90
正向有功平/kW·h	12870.56	12871.72
正向无功总/kvar·h	5792.10	5792.900
更换前最大需量/kW	0	0.0095
更换后最大需量/kW	0	0.0078
反向无功总/kvar·h	1.39	1.40

“110 kV 高供高计定量用户更换需量表电费计算”技能口述、笔试评分标准（高级技师 008）

姓名： **准考证号：** **得分：**

参考答案及评分要点

1. 综合倍率（3 分）

综合倍率$=\frac{110}{0.1}\times\frac{400}{5}=88000$。

2. 抄见电量（16 分）

抄见有功总电量＝（38719.21－38715.73）×88000＝306240（kW·h）。

抄见有功尖峰电量＝（1268.14－1267.89）×88000＝22000（kW·h）。

抄见有功峰电量＝（11605.45－11604.53）×88000＝80960（kW·h）。

抄见有功谷电量＝（12973.90－12972.75）×88000＝101200（kW·h）。

抄见有功平电量＝306240－22000－80960－101200＝102080（kW·h）。

抄见正向无功总电量＝（5792.90－5792.10）×88000＝70400（kvar·h）。

抄见反向无功总电量＝（1.40－1.39）×88000＝880（kvar·h）。

抄见无功总电量＝70400＋880＝71280（kvar·h）。

3. 最大需量（2 分）

更换前抄见最大需量示数为 0.0095 kW，更换后抄见最大需量示数为 0.0078 kW，基本电费按实际最大需量值计收，所以应按 0.0095 kW 计收。

最大需量＝0.0095×88000＝836（kW·h）。

4. 非居民照明结算电量（6 分）

非居民照明结算峰电量$=25710\times\left(\frac{22000+80960}{306240}\right)=8644$（kW·h）。

非居民照明结算谷电量$=25710\times\frac{101200}{306240}=8496$（kW·h）。

非居民照明结算平电量＝25710－8644－8496＝8570（kW·h）。

5. 大工业结算电量（12 分）

大工业结算有功总电量＝306240－25710＝280530（kW·h）。

大工业结算尖峰电量＝22000－1847＝20153（kW·h）。

大工业结算峰电量＝80960－6797＝74163（kW·h）。

大工业结算谷电量＝101200－8496＝92704（kW·h）。

大工业结算平电量＝280530－20153－74163－92704＝93510（kW·h）。

大工业结算无功总电量＝[（5792.90－5792.10）×88000]＋

[（1.40－1.39）×88000]＝71280（kvar·h）。

6. 目录电度电价（21 分）

110 kV 目录电度电价：

大工业结算尖峰目录电度电价＝0.7909－0.0031－0.019－0.001968－0.02

＝0.746832（元/（kW·h））。

大工业结算峰目录电度电价＝0.6950－0.0031－0.019－0.001968－0.02

＝0.650932（元/（kW·h））。

大工业结算谷目录电度电价＝0.3116－0.0031－0.019－0.001968－0.02

＝0.267532（元/（kW·h））。

大工业结算平目录电度电价＝0.5033－0.0031－0.019－0.001968－0.02

＝0.459232（元/（kW·h））。

35 kV 目录电度电价：

非居民结算峰目录电度电价＝0.7033－0.0031－0.019－0.001968－0.02

＝0.659232（元/kW·h）。

非居民结算谷目录电度电价＝0.3151－0.0031－0.019－0.001968－0.02

＝0.271032（元/kW·h）。

非居民结算平目录电度电价＝0.5092－0.0031－0.019－0.001968－0.02

＝0.465132（元/kW·h）。

7. 目录电度电费（20 分）

大工业结算尖峰目录电度电费＝0.746832×20153＝15050.91（元）。

大工业结算峰目录电度电费＝0.650932×74163＝48275.07（元）。

大工业结算谷目录电度电费＝0.267532×92704＝24801.29（元）。

大工业结算平目录电度电费＝0.459232×93510＝42942.78（元）。

大工业目录电度电费＝15050.91＋48275.07＋42942.78＋24801.29

＝131070.05（元）。

非居民结算峰目录电度电费＝0.659232×8644＝5698.40（元）。

非居民结算谷目录电度电费＝0.271032×8496＝2302.69（元）。

非居民结算平目录电度电费＝0.465132×8570＝3986.18（元）。

非居民目录电度电费＝5698.4＋3986.18＋2302.69＝11987.27（元）。

总目录电度电费＝131070.05＋11987.27＝143057.32（元）。

8. 基本电费（3分）

基本电费＝836×35＝29260（元）。

9. 功率因数（3分）

$$功率因数=\frac{有功电量}{\sqrt{有功电量^2+无功电量^2}}=\frac{306240}{\sqrt{306240^2+71280^2}}=0.97。$$

10. 功率因数调整电费（6分）

该户力调标准为0.90，该户实际功率因数为0.97，根据《功率因数调整电费表》得电费调整率为－0.75％。

大工业农网还贷电费＝280530×0.02＝5610.60（元）。

功率因数调整电费＝（131070.05＋29260＋5610.60）×（－0.75％）

＝－1244.55（元）。

11. 总代征电费（4分）

总代征电费＝306240×（0.0031＋0.019＋0.001968＋0.02）

＝13495.38（元）。

12. 总电费（4分）

总电费＝143057.32＋29260＋13495.38－1244.55＝184568.15（元）。

考评员签字：　　　　　　　　　　　　考评日期：　　年　　月　　日

“根据居民用电情况为用户推荐最节约电价”技能口述、笔试试题卡（高级技师 009）

姓名： **准考证号：** **得分：**

任务描述

某普通低压城镇一户一表六口人居民用户（电采暖用户），倍率为 1，抄表周期为每月，抄表例日为 4 日，2019 年电量抄见示数如下表所示。请根据居民用电情况为用户选择最节约的电价（电量保留整数，电费保留两位小数）。

居民用户电量抄见示数表

单位：kW·h

时间	正向有功总	正向有功峰	正向有功谷
2019 年 1 月	11311	3416	3993
2019 年 2 月	13652	4685	5065
2019 年 3 月	15794	5819	6073
2019 年 4 月	16426	6150	6375
2019 年 5 月	16947	6425	6620
2019 年 6 月	18179	6974	7303
2019 年 7 月	18560	7141	7517
2019 年 8 月	18872	7303	7668
2019 年 9 月	19589	7669	8019
2019 年 10 月	20091	7926	8265
2019 年 11 月	20492	8136	8456
2019 年 12 月	21035	8413	8722
2020 年 1 月	21435	8623	8912

“根据居民用电情况为用户推荐最节约电价”技能口述、笔试评分标准（高级技师009）

姓名： **准考证号：** **得分：**

参考答案及评分要点

1. 多人口电价（24分）

多人口用户不执行峰谷电价：

该户普通低压城镇一户一表六口人居民用户，对于家庭常住人口在5人及以上的“一户一表”居民用户，可持房产证明、户口本、居委会证明和家庭所有常住人口身份证等相关材料，向当地供电企业或小区管理单位提出申请，执行多人口用户电价。

总用电量＝21435－11311＝10124（kW·h）。

总用电费＝10124×0.5362＝5428.49（元）。

多人口用户执行峰谷电价：

总用电量＝21435－11311＝10124（kW·h）。

峰段总用电量＝8623－3416＝5207（kW·h）。

谷段总用电量＝10124－5207＝4917（kW·h）。

总用电费＝5207×0.57＋4917×0.31＝2967.99＋1524.27＝4492.26（元）。

2. 阶梯电价（22分）

阶梯用户不执行峰谷电价：

第一档电量＝180×12＝2160（kW·h）。

第二档电量＝280×12＝3360（kW·h）。第二档电量范围在2161 kW·h～3360 kW·h。

第三档电量在3361 kW·h及以上。

总用电量＝21435－11311＝10124（kW·h）

总用电费＝10124×0.52＋1200×0.05＋［（10124－2160－1200）×0.3］

＝5264.48＋60.00＋2029.20＝7353.68（元）。

阶梯用户执行峰谷电价：

总用电量＝21435－11311＝10124（kW・h）。

峰段总用电量＝8623－3416＝5207（kW・h）。

谷段总用电量＝10124－5207＝4917（kW・h）。

总用电费＝5207×0.55＋4917×0.30＋1200×0.05＋

［（10124－2160－1200）×0.3］

＝2863.85＋1475.10＋60.00＋2029.20＝6428.15（元）。

3. 电采暖电价（54 分）

电采暖用户不执行峰谷电价：

供暖期为每年 11 月至次年 3 月。供暖期居民采暖用电价格执行阶梯电价一档标准，非供暖期用电按现行居民阶梯电价政策执行。

采暖期用电量 2019 年 1 月至 2019 年 4 月＝16426－11311＝5115（kW・h）。

采暖期用电量 2019 年 11 月至 2020 年 1 月＝21435－20492＝943（kW・h）。

采暖期总用电量＝5115＋943＝6058（kW・h）。

采暖期总用电费＝6058×0.52＝3150.16（元）。

总用电量＝21435－11311＝10124（kW・h）。

非采暖期用电量＝10124－6058＝4066（kW・h）。

非采暖期第一档电量＝180×7＝1260（kW・h）。

非采暖期第二档电量＝280×7＝1960（kW・h）。第二档电量范围在 1261 kW・h～1960 kW・h。

非采暖期第三档电量在 1961 kW・h 及以上。

非采暖期用电费＝4066×0.52＋700×0.05＋［（4066－1260－700）×0.30］

＝2114.32＋35.00＋631.80＝2781.12（元）。

总用电费＝3150.16＋2781.12＝5931.28（元）。

电采暖用户执行峰谷电价：

采暖期用电量 2019 年 1 月至 2019 年 4 月＝16426－11311＝5115（kW・h）。

采暖期用电量 2019 年 11 月至 2020 年 1 月＝21435－20492＝943（kW・h）。

采暖期总用电量＝5115＋943＝6058（kW・h）。

采暖期峰段用电量（2019 年 1 月至 2019 年 4 月）＝6150－3416＝2734（kW・h）。

采暖期峰段用电量（2019 年 11 月至 2020 年 1 月）＝8623－8136＝487（kW・h）。

采暖期峰段总用电量＝2734＋487＝3221（kW・h）。

采暖期谷段总用电量＝6058－3221＝2837（kW·h）。

采暖期总用电费＝3221×0.55＋2837×0.30＝1771.55＋851.10＝2622.65（元）。

总用电量＝21435－11311＝10124（kW·h）。

峰段总用电量＝8623－3416＝5207（kW·h）。

谷段总用电量＝10124－5207＝4917（kW·h）。

非供暖期总用电量＝10124－6058＝4066（kW·h）。

非供暖期峰段总用电量＝5207－3221＝1986（kW·h）。

非供暖期谷段总用电量＝4066－1986＝2080（kW·h）。

非供暖期总用电费＝1986×0.55＋2080×0.30＋700×0.05＋
［（4066－1260－700）×0.30］
＝1092.30＋624.00＋35.00＋631.80＝2383.10（元）。

总用电费＝2622.65＋2383.10＝5005.75（元）。

根据以上情况推荐最节约电价为“多人口用户执行峰谷电价”。

考评员签字：　　　　考评日期：　　年　　月　　日

“10 kV 高供高计定比电量用户用电变更电费计算”技能口述、笔试试题卡（高级技师 010）

姓名：　　　　**准考证号：**　　　　**得分：**

任务描述

某大工业用户，高压 10 kV 用电，受电变压器容量为 5820 kVA，计量方式为高供高计，电流互感器变比为 400/5，非居民照明电量定比为 1%，抄表例日为 24 日。2020 年 1 月 13 日办理暂停业务，暂停变压器容量为 5695 kVA，暂停截止时间为 2020 年 6 月 12 日。该户 2020 年 1 月电量抄见示数如下表所示，基本电费按变压器容量计收。求该用户 1 月份使用的目录电度电费（不含农网还贷）、总代征电费、总电费（重大水利工程建设基金保留六位小数点）。

某大工业用户电量抄见示数表

时间	正向有功总/kW·h	正向有功尖/kW·h	正向有功峰/kW·h	正向有功谷/kW·h	正向有功平/kW·h	正向无功总/kvar·h
2019年12月24日	2133.69	51.55	387.53	1046.98	647.61	999.98
2020年1月13日	2185.72	51.55	404.82	1064.50	664.83	1034.99
2020年1月24日	2192.47	51.55	406.94	1066.82	667.14	1037.29

"10 kV高供高计定比电量用户用电变更电费计算"技能口述、笔试评分标准（高级技师010）

姓名：　　　　　　　　准考证号：　　　　　　　　　　　　得分：

参考答案及评分要点

1. 综合倍率（2分）

综合倍率$=\frac{10}{0.1}\times\frac{400}{5}=8000$。

2. 抄见电量（5分）

抄见有功总电量=（2192.47−2133.69）×8000=470240（kW·h）。

抄见有功峰电量=（406.94−387.53）×8000=155280（kW·h）。

抄见有功谷电量=（1066.82−1046.98）×8000=158720（kW·h）。

抄见有功平电量=470240−155280−158720=156240（kW·h）。

抄见无功总电量=（1037.29−999.98）×8000=298480（kvar·h）。

3. 非居民照明结算电量（8分）

非居民照明结算总电量=470240×0.01=4702（kW·h）。

非居民照明结算峰电量=155280×0.01=1553（kW·h）。

非居民照明结算谷电量=158720×0.01=1587（kW·h）。

非居民照明结算平电量=4702−1553−1587=1562（kW·h）。

4. 变更前大工业结算电量（22分）

变更前（2020年1月13日以前）受电变压器容量为5820 kVA，执行大工业电价，力调标准为 0.90。

变更前抄见有功总电量＝（2185.72－2133.69）×8000＝416240（kW·h）。

变更前抄见有功峰电量＝（404.82－387.53）×8000＝138320（kW·h）。

变更前抄见有功谷电量＝（1064.50－1046.98）×8000＝140160（kW·h）。

变更前抄见有功平电量＝416240－138320－140160＝137760（kW·h）。

变更前抄见无功总电量＝（1034.99－999.98）×8000＝280080（kvar·h）。

大工业结算有功总电量＝416240－416240×0.01＝412078（kW·h）。

大工业结算峰电量＝138320－138320×0.01＝136937（kW·h）。

大工业结算谷电量＝140160－140160×0.01＝138758（kW·h）。

大工业结算平电量＝412078－136937－138758＝136383（kW·h）。

大工业结算无功总电量＝（1034.99－999.98）×8000＝280080（kvar·h）。

5. 变更后一般工商业结算电量（22 分）

因为变更后（2020 年 1 月 13 日及以后）受电变压器容量为 125 kVA，执行一般工商业的普通工业电价，力调标准为 0.85。

变更后抄见有功总电量＝（2192.47－2185.72）×8000＝54000（kW·h）。

变更后抄见有功峰电量＝（406.94－404.82）×8000＝16960（kW·h）。

变更后抄见有功谷电量＝（1066.82－1064.50）×8000＝18560（kW·h）。

变更后抄见有功平电量＝54000－16960－18560＝18480（kW·h）。

变更后抄见无功总电量＝（1037.29－1034.99）×8000＝18400（kvar·h）。

一般工商业结算有功总电量＝54000－（4702－416240×0.01）＝53460（kW·h）。

一般工商业结算峰电量＝16960－（1553－138320×0.01）

＝16960－170＝16790（kW·h）。

一般工商业结算谷电量＝18560－（1587－140160×0.01）

＝18560－186＝18374（kW·h）。

一般工商业结算平电量＝53460－16790－18374＝18296（kW·h）。

一般工商业结算无功总电量＝（1037.29－1034.99）×8000＝18400（kvar·h）。

6. 目录电度电价（12 分）

大工业结算峰目录电度电价＝0.7370－0.0031－0.019－0.001968－0.02

＝0.692932（元/（kW·h））。

大工业结算谷目录电度电价＝0.3296－0.0031－0.019－0.001968－0.02

=0.285532（元/（kW·h））。

大工业结算平目录电度电价=0.5333−0.0031−0.019−0.001968−0.02

=0.489232（元/（kW·h））。

一般工商业结算峰目录电度电价=0.7173−0.0031−0.019−0.001968−0.02

=0.673232（元/（kW·h））。

一般工商业结算谷目录电度电价=0.3211−0.0031−0.019−0.001968−0.02

=0.277032（元/（kW·h））。

一般工商业结算平目录电度电价=0.5192−0.0031−0.019−0.001968−0.02

=0.475132（元/（kW·h））。

7. 目录电度电费（13 分）

大工业结算峰目录电度电费=0.692932×136937=94888.03（元）。

大工业结算谷目录电度电费=0.285532×138758=39619.85（元）。

大工业结算平目录电度电费=0.489232×136383=66722.93（元）。

大工业结算目录电度电费=94888.03+39619.85+66722.93

=201230.81（元）。

一般工商业结算峰目录电度电费=0.673232×16790=11303.57（元）。

一般工商业结算谷目录电度电费=0.277032×18374=5090.19（元）。

一般工商业结算平目录电度电费=0.475132×18296=8693.02（元）。

一般工商业结算目录电度电费=11303.57+5090.19+8693.02=25086.78（元）。

非居民结算峰目录电度电费=0.673232×1553=1045.53（元）。

非居民结算谷目录电度电费=0.277032×1587=439.65（元）。

非居民结算平目录电度电费=0.475132×1562=742.16（元）。

非居民结算目录电度电费=1045.53+439.65+742.16=2227.34（元）。

目录电度电费=201230.81+25086.78+2227.34=228544.93（元）。

8. 功率因数（2 分）

$$\text{功率因数}=\frac{\text{有功电量}}{\sqrt{\text{有功电量}^2+\text{无功电量}^2}}=\frac{470240}{\sqrt{470240^2+298480^2}}=0.84。$$

9. 基本电费（2 分）

基本电费＝5820×$\frac{19}{30}$×23.3＝85883.80（元）。

10. 功率因数调整电费（6 分）

变更前功率因数调整电费：

该户力调标准为 0.90，该户实际功率因数为 0.84，根据《功率因数调整电费表》得电费调整率为 3％。

大工业农网还贷电费＝［416240－（416240×0.01）］×0.02＝8241.55（元）。

变更前功率因数调整电费＝（201230.81＋85883.80＋8241.55）×3％
＝8860.69（元）。

变更后功率因数调整电费：

该户力调标准为 0.85，该户实际功率因数为 0.84，根据《功率因数调整电费表》得电费调整率为 0.5％。

一般工商业农网还贷电费＝53460×0.02＝1069.20（元）。

变更后功率因数调整电费＝（25086.78＋1069.20）×0.5％＝130.78（元）。

11. 总代征电费（5 分）

总代征电费＝470240×（0.0031＋0.019＋0.001968＋0.02）＝20722.54（元）。

12. 总电费（5 分）

总电费＝201231.81＋25086.78＋2227.34＋85883.80＋8860.69＋130.78＋20722.54
＝344142.74（元）。

考评员签字：　　　　　　　　　　考评日期：　　年　　月　　日